Guide

城镇燃气安全检查及整改指南

朱万美 编著

化学工业出版社

·北京·

内容简介

本书主要介绍燃气特性与燃气质量，场站安全检查及整改，调压装置安全检查及整改，汽车加油加气加氢站安全检查及整改，燃气输配管道安全检查及整改，燃气用户安全检查及整改，燃气使用设置安全防护措施，安全隐患整改、专项整治与燃气事故法律责任，燃气安全，燃气安全生产管理，燃气事故案例等。

本书依据现行国家及行业标准、规范、法律法规和有关规定编写，适用于燃气经营单位安全管理人员及安检员、负责燃气监管的政府有关部门人员及参加安全检查人员阅读和培训，也可供燃气工程设计人员参考。

图书在版编目（CIP）数据

城镇燃气安全检查及整改指南/朱万美编著．—北京：化学工业出版社，2022.12

ISBN 978-7-122-42287-3

Ⅰ.①城…　Ⅱ.①朱…　Ⅲ.①城市燃气-安全管理-中国-指南　Ⅳ.①TU996.9-62

中国版本图书馆 CIP 数据核字（2022）第 181279 号

责任编辑：赵卫娟　　装帧设计：刘丽华
责任校对：杜杏然

出版发行：化学工业出版社（北京市东城区青年湖南街 13 号　邮政编码 100011）
印　　装：北京印刷集团有限责任公司
710mm×1000mm　1/16　印张 13¾　字数 255 千字　2023 年 3 月北京第 1 版第 1 次印刷

购书咨询：010-64518888　　售后服务：010-64518899
网　　址：http://www.cip.com.cn
凡购买本书，如有缺损质量问题，本社销售中心负责调换。

定　　价：98.00 元

前言

PREFACE

近年来，我国城镇燃气事故频发，严重冲击人民群众的安全感。国务院安全生产委员会在全国范围内开展城镇燃气安全排查整治工作，要求各地区、各有关部门及单位全面排查整治燃气安全隐患问题，有效防范化解重大安全风险，坚决遏制燃气事故多发势头。不是一次大排查就能解决所有燃气安全事故隐患，生产经营单位应狠抓安全生产管理，并使安全检查常态化，要经常性组织安全检查及整改。燃气安全应当警钟长鸣，在任何时候都不可麻痹大意。

编者在燃气行业从业四十余年，从事过煤气生产，城镇燃气场站、输气管道、输配管网、庭院及户内管等的工程设计和建设工作；以专家身份多次参与燃气爆炸事故调查；也参加过燃气场站、加油加气站、燃气管道、商业及居民用气户安全检查与整改工作，对各类燃气的特性、场站功能、主要设备、各类用气户等的安全检查要点及检查内容比较熟悉。编者将自己多年从事燃气安全工作的经验进行了总结，依据国家有关标准规范、法律法规等，编著了《城镇燃气安全检查及整改指南》一书，希望能够为城镇燃气场站、调压装置、汽车加油加气加氢、输配管道、燃气用户等安全检查及整改提供参考，有助于负责燃气监管的政府有关部门人员、燃气企业安全管理人员及应急、市场监管、商务、城管、公安、消防、街道等部门参加检查人员掌握燃气基础知识、知晓场站功能、了解检查要点及检查内容，做好安全检查并提出整改意见，在城镇燃气安全检查及整改中发挥一定的作用。

本书编著过程中得到了郭建钊、唐绍刚、郝薇、刘子德、马冬莲、王奎昌、祁振军、李会娟、赵竟池等的支持和帮助；周新文、李连星、赵淑君、王湘宁对本书进行了认真详细的审查，提出了不少宝贵意见，并参加了本书的审核，在此对他们表示衷心感谢！

本书的出版得到了中交城市能源研究设计院有限公司（原建设部沈阳煤气热力研究设计院）及禹州市石油天然气有限公司、

天津华迈燃气装备股份有限公司的大力支持，在此致以最诚挚的谢意。

燃气安全检查涉及整个燃气行业、整座城镇以及千家万户，由于编著者水平有限，虽尽了最大努力，但按城镇燃气安全检查及整改所需仍会存有不足，读者在进行检查时可根据实际情况加以调整，诚恳希望使用本书的读者及燃气行业的同行们给予批评指正。

编著者

2022 年 12 月

目录

CONTENTS

第1章 燃气特性与燃气质量

第 2 章 场站安全检查及整改

第 3 章 调压装置安全检查及整改

第 4 章 汽车加油加气加氢站安全检查及整改

第 5 章 燃气输配管道安全检查及整改

第6章 燃气用户安全检查及整改

第7章 燃气使用设置安全防护设施

第8章 安全隐患整改、专项整治与燃气事故法律责任

第9章 燃气安全

第10章 燃气安全生产管理

第1章 燃气特性与燃气质量

1.1 燃气分类及组分

1.1.1 燃气分类

燃气种类很多，按燃气来源，我国城镇燃气一般包括人工煤气、液化石油气和天然气三类。

我国自1865年在上海建成第一座煤制气厂至2004年底，城镇燃气一直是以人工煤气为主气源。但从2004年12月30日“西气东输”建成实现全线商业运营以来，全国城镇已普遍使用天然气。现无论是编制城镇燃气专项规划、城镇燃气可行性研究报告或城镇燃气工程设计，其气源都是选用天然气作为主气源，已不再考虑煤制气、油制气、液化石油气（管道供气）或掺混气。

1.1.2 燃气组分

（1）人工煤气

人工煤气简称煤气，又称人工燃气，主要组分为氢、甲烷和一氧化碳等。人工煤气主要是以固体、液体燃料或可燃气体（包括煤、重油、轻油、液化石油气、天然气等）为原料经转化后制得的且符合《人工煤气》（GB 13612）质量要求的可燃气体。人工煤气也包括以工业、企业余气及农作物秸秆、畜禽粪便、厨余垃圾和工业企业有机废水、废渣等有机物作为原料，在一定温度、湿度、酸碱度和隔绝空气条件下，经过厌氧（微生物）发酵分解作用而产生的一种以甲烷为主的沼气，即生物天然气。

人工煤气在城镇燃气中占比在逐年减少，而现使用的人工煤气主要是炼焦厂的副产焦炉煤气。焦炉煤气组分见表 1.1。

（2）液化石油气

液化石油气是从天然气开采中分离出来的，也可从石油加工过程中获得，主要组分是丙烷和丁烷的混合物。液化石油气组分见表 1.1。

（3）天然气

天然气是指天然蕴藏于地层中的烃类和非烃类气体的混合物，主要组分是甲烷。天然气组分见表 1.1。

表 1.1　焦炉煤气、液化石油气、天然气组分

燃气种类	一般组分（体积分数）/ %								
	CH_4	C_3H_6	C_3H_8	C_4H_{10}	H_2	CO	N_2	O_2	CO_2
焦炉煤气									
焦炉煤气	23.4	2.0	—	—	59.2	8.6	3.6	1.2	2.0
液化石油气									
液化石油气（北京）	1.5	10.0	4.5	26.2	54.0 （C_4H_8）	3.8 （C_{5+}）	—	—	—
液化石油气（大庆）	1.3	16.0	6.6	23.2	38.5 （C_4H_8）	12.6 （C_{5+}）	1.0	—	0.8
液化石油气	—	—	50.0	50.0	—	—	—	—	
天然气									
干井天然气	98.0	0.4 （C_mH_n）	0.3	0.3	—	—	1.0	—	—
油田伴生气	80.1	7.4 （C_2H_6）	3.8	2.3	2.4 （C_mH_n）	—	0.6	—	3.4
矿井气	52.4	—	—	—	—	—	36.0	7.0	4.6

1.2　燃气毒性及接触性毒物危害程度分级

1.2.1　人工煤气

在人工煤气中，主要含有粉尘、焦油、苯、萘、氨、氰化氢、氮、氧化氮、硫化物及二氧化碳等杂质。

经净化处理用于城镇燃气的人工煤气，其杂质含量必须符合现行国家标准

GB 50028《城镇燃气设计规范》（2020 版）、GB/T 13612《人工煤气》或 GB 55009《燃气工程项目规范》的有关规定。

人工煤气中对人体产生危害的气体主要是一氧化碳和硫化氢。

（1）一氧化碳

一氧化碳（CO）是无色、无味的有毒气体。一氧化碳毒性主要表现在其与人体内血红蛋白结合力大于氧的结合力，会从氧合血红蛋白中取代氧而成碳氧血红蛋白（COHb），使血液中的氧合血红蛋白减少，造成人体组织缺氧，从而使人发生窒息，严重时会引起内脏出血、水肿及坏死，甚至导致死亡。

空气中 CO 含量浓度不同，吸入后的中毒症状会有轻有重。空气中 CO 浓度与血液中最大的碳氧血红蛋白浓度关系见表 1.2；空气中不同 CO 浓度对人体的危害程度见表 1.3；空气中 CO 浓度与允许停留时间关系见表 1.4。

表 1.2　空气中 CO 浓度与血液中最大的碳氧血红蛋白浓度关系

空气中 CO 浓度(体积分数)/ %	0.010	0.018	0.025	0.050	0.100
血液中最大的碳氧血红蛋白浓度/%	17	25	33	50	67
对人体影响	轻度症状	中度症状	较大症状	严重症状	致命界限

表 1.3　空气中不同 CO 浓度对人体的危害程度

空气中 CO 浓度(体积分数)/ %	呼吸时间及症状
0.02	2～3h，感到轻微头痛
0.04	1～2h 头痛；2.5～3.5h 后头晕
0.08	45min 头痛，伴随呕吐；2h 意识不清
0.16	20min 头痛，伴随呕吐；2h 死亡
0.32	5～10min 头痛；30min 死亡
0.64	1～2min 头痛；10～15min 死亡
1.28	吸入几口即昏迷，1～3min 死亡

表 1.4　空气中 CO 浓度与允许停留时间关系

空气中 CO 浓度 /(mg /L)	0.05	0.1	0.2
允许停留时间/min	＜60	＜30	＜15

一氧化碳虽是人工煤气中的可燃组分之一，但会引起头痛、呕吐，甚至危及人的生命，所以在城镇燃气中一氧化碳的含量必须符合国家标准 GB/T 13612 小于 10%（体积分数）的有关规定。

（2）硫化氢

硫化氢（H_2S）是一种无机硫化物，约占燃气中硫化物的 90%～95%，是具有强烈臭鸡蛋刺鼻气味的无色气体。在燃气中硫化氢含量虽不高但毒性却很大，对人的呼吸道和眼黏膜有很大刺激和损害作用，如吸入过量能引起中毒，甚至危及人的生命。空气中硫化氢浓度不同时对人体危害程度见表1.5。按国家标准GB/T 13612的规定，城镇燃气中的硫化氢含量必须小于$20mg/m^3$。

表1.5 空气中硫化氢浓度不同时对人体危害程度

空气中H_2S		呼吸时间与症状
体积分数/%	质量浓度/(mg/L)	
0.01～0.015	0.15～0.23	经过几小时，有轻微的中毒症状
0.02	0.31	经过5～8min，眼睛、鼻子和器官感到强烈刺激
0.05～0.07	0.77～1.08	经过1h，严重中毒
0.1～0.3	1.54～4.62	迅速中毒、死亡

另外，在人工煤气中含有少量的氨、苯、萘等有害杂质，对人体也会产生轻重不同的危害。

1.2.2 液化石油气及天然气

在液化石油气中含有少量的水及C_5以上的碳氢化合物（民用液化石油气中称为残液）及微量硫化氢等杂质；天然气中主要含有烃类凝析液、冷凝水、夹带的岩屑粉尘及硫化氢等杂质。根据现行国家标准GB 51142《液化石油气供应工程设计规范》、GB 17820《天然气》、GB 55009《燃气工程项目规范》、GB/T 19204《液化天然气的一般特性》和GB 18047《车用压缩天然气》等有关质量规定，液化石油气和天然气中应不含CO。经净化处理的天然气中H_2S含量远低于人工煤气。液化石油气或天然气毒性虽低，但泄漏到空气中被人吸入可能会使人窒息。

① 液化石油气或天然气泄漏危害。空气中氧含量正常时为21%（体积分数，下同），当人们处在空气中甲烷含量占9%，相当于氧含量减少到19%的环境中，人没有什么感觉；如空气中甲烷含量占19%，相当于氧含量减少到17%，人的呼吸开始感到困难；若空气中甲烷含量达到52%，相当于氧含量减少到10%，会使人慢慢窒息难以生存。如果吸入的是纯净液化天然气蒸气并且无法迅速脱离，人很快就会失去知觉，几分钟后便会死亡。所以说泄漏的天然气或液化天然气蒸气，会使大气中氧含量逐渐减少，操作人员有可能警觉不到，慢慢地窒息，待到发觉时往往已造成伤害。缓慢窒息生理特征的四个阶段见表1.6。

液化石油气泄漏也会使人窒息。液化石油气或天然气如燃烧不完全，也有可能引起一氧化碳中毒。一旦有人发生窒息或中毒，就应迅速将其转移到室外通风处，以便患者吸入新鲜空气；必要时应帮助患者做人工呼吸，严重者应送到有高压氧舱的医院治疗。

表 1.6　缓慢窒息生理特征的四个阶段

阶段	氧含量(体积分数)/%	窒息生理特征
第一阶段	14～21	呼吸和脉搏加快,眩晕并伴有肌肉抽搐
第二阶段	10～14	出现幻觉,易疲劳,对头部疼痛反应迟钝
第三阶段	6～10	恶心呕吐、乏力甚至昏迷,导致永久性脑损伤
第四阶段	<6	痉挛,呼吸停止,死亡

② 二氧化碳的危害。二氧化碳来源于燃气的燃烧，它是无色气体。二氧化碳具有麻醉作用，能刺激皮肤和黏膜。如烟气排入室内，二氧化碳含量增加使室内氧含量相对减少，会使人窒息或死亡。空气中二氧化碳浓度不同时对人体危害程度见表 1.7。

表 1.7　空气中二氧化碳浓度不同时对人体危害程度

空气中 CO_2 浓度(体积分数)/%	呼吸时间与症状
2.5	不超过数小时,无大影响
3.0	无意识地增加呼吸次数
4.0	对某些器官有刺激作用
6.0	呼吸量增加
8.0	呼吸感到困难
10.0	意识不清,发生死亡
20.0	几秒钟之内就会发生心脏停止跳动

③ 燃气燃烧时，硫化氢和有机硫产生二氧化硫；氮产生氮氧化物（主要是一氧化氮和二氧化氮）对人体均会产生危害，严重时也会危及人的生命。

④ 低温液化天然气泄漏时还会使人冻伤。

1.2.3　接触性毒物危害程度分级

用于城镇的燃气是有毒气体，尤其是人工煤气。有毒作业时间以及毒物的实际危害人体健康程度，根据现行国家标准 GBZ 230《职业性接触毒物危害程度分级》的有关规定，职业性接触毒物危害程度分级，分项指标见表 1.8。

表 1.8　职业性接触毒物危害程度分级（急性吸入 LC_{50}）

序号	积分值	危害程度	致癌性	LC_{50}/(cm^3/m^3)
1	4	极度危害	Ⅰ组，人类致癌物	<100
2	3	高度危害	ⅡA 组，近似人类致癌物	≥100～<500
3	2	中度危害	ⅡB 组，可能人类致癌物	≥500～<2500
4	1	轻度危害	Ⅲ组，未归入人类致癌物	≥2500～<20000
5	0	轻微危害	Ⅳ组，非人类致癌物	≥20000

1.3　燃气燃烧

1.3.1　燃气燃烧特性

燃气的燃烧特性主要是：热值、着火温度、燃烧温度、燃烧速度、爆炸极限、燃烧空气需要量、热效率、烟气排放量及烟气组分等。

燃烧特性是选用燃气设备或燃烧器具的主要依据。燃气组分中单一可燃气体的燃烧特性见表 1.9。

1.3.2　燃气热值及燃烧反应热效应

（1）燃气热值

现行国家标准 GB/T 12206《城镇燃气热值和相对密度测定方法》规定：燃气热值是指压力保持恒定时规定量的燃气在空气中完全燃烧时所释放出的热量，又分为高位热值和低位热值，单位为 kJ/m^3。对于液体燃料，如液化石油气，其热值单位可用 kJ/kg 或 MJ/kg 表示。

（2）高位热值、低位热值

燃气热值是评价燃气质量的最重要指标，也是正确选用燃气设备或燃烧器具时所必须考虑的一项指标。高位热值包含了烟气中水蒸气的汽化潜热；低位热值不包含烟气中水蒸气的汽化潜热。高位热值用 H_s 表示，低位热值用 H_i 表示。

若燃气中不含氢或氢的化合物，则燃气燃烧产生的烟气中不含有水蒸气，就只有一个热值。如一氧化碳就只有一个热值，没有高位热值和低位热值之分。

在应用城镇燃气设备时，燃气燃烧排放的高温烟气中的水蒸气均没有被冷凝，都是以气体状态排出，因此在工程应用上都是采用燃气的低位热值。

以天然气为例，天然气的低位热值为 $36MJ/m^3$。电的发热量为 3.6MJ/(kW·h)。36MJ/3.6MJ=10，即 $1m^3$ 天然气完全燃烧时释放的热量相当于 10kW·h 电产生的热量。

表 1.9　燃气组分中单一可燃气体的燃烧特性(273.15K、101.325kPa)

气体名称	分子式	燃烧反应式	着火温度/℃	爆炸极限(体积分数)/%		热值/(MJ/m^3)		燃烧温度/℃	理论空气需要量、耗氧量/[m^3/m^3(干燃气)]		标准状态下干燃气理论烟气量/[m^3/m^3(干燃气)]			
				上限	下限	高	低		空气	氧	CO_2	H_2O	N_2	V_f
氢	H_2	$H_2+0.5O_2 = H_2O$	400	75.9	4.0	12.745	10.786	2210	2.38	0.5		1.0	1.88	2.88
一氧化碳	CO	$CO+0.5O_2 = CO_2$	610	74.2	12.5	12.636	12.636	2370	2.38	0.5	1.0		1.88	2.88
硫化氢	H_2S	$H_2S+1.5O_2 = SO_2+H_2O$	290	45.3	4.3	25.348	23.368	1900	7.14	1.5	1.0	1.0	5.64	7.64
甲烷	CH_4	$CH_4+2O_2 = CO_2+2H_2O$	540	15.0	5.0	39.842	35.902	2043	9.52	2.0	1.0	2.0	7.52	10.52
乙烷	C_2H_6	$C_2H_6+3.5O_2 = 2CO_2+3H_2O$	515	13.0	2.9	70.351	64.397	2115	16.66	3.5	2.0	3.0	13.16	18.16
丙烷	C_3H_8	$C_3H_8+5O_2 = 3CO_2+4H_2O$	450	9.5	2.1	101.266	93.240	2155	23.80	5.0	3.0	4.0	18.80	25.80
丙烯	C_3H_6	$C_3H_6+4.5O_2 = 3CO_2+3H_2O$	460	11.7	2.0	93.667	87.677	2224	21.12	4.5	3.0	3.0	16.92	22.92
正丁烷	C_4H_{10}	$C_4H_{10}+6.5O_2 = 4CO_2+5H_2O$	365	8.5	1.5	133.886	123.649	2130	30.94	6.5	4.0	5.0	24.44	33.44
异丁烷	C_4H_{10}	$C_4H_{10}+6.5O_2 = 4CO_2+5H_2O$	365	8.5	1.8	133.048	122.357	2118	30.94	6.5	4.0	5.0	24.44	35.44
正戊烷	C_5H_{12}	$C_5H_{12}+8O_2 = 5CO_2+6H_2O$	260	8.3	1.4	169.377	156.733		38.08	8.0	5.0	6.0	30.08	41.08

注：空气中的氮氧比一般为 79/21=3.76，当从化学反应式求得理论氧气需要量后，乘以 3.76 就得理论氮量，乘以 4.76(1/0.21) 就得出理论空气量。

（3）燃气燃烧反应及热效应

单组分气体燃烧反应式及热效应可从表 1.10 查得。

表 1.10　单组分气体燃烧反应式及热效应

气体名称	分子式	燃烧反应式	千摩尔体积/(m^3/kmol)	热效应/(kJ/mol)	
				高	低
氢	H_2	$H_2 + 0.5O_2 = H_2O$	22.427	285832	241898
一氧化碳	CO	$CO + 0.5O_2 = CO_2$	22.3984	283026	283026
硫化氢	H_2S	$H_2S + 1.5O_2 = SO_2 + H_2O$	22.1802	562224	518307
甲烷	CH_4	$CH_4 + 2O_2 = CO_2 + 2H_2O$	22.3621	890906	802844
乙烷	C_2H_6	$C_2H_6 + 3.5O_2 = 2CO_2 + 3H_2O$	22.1872	1560892	1428789
丙烷	C_3H_8	$C_3H_8 + 5O_2 = 3CO_2 + 4H_2O$	21.9362	2221391	2045331
丙烯	C_3H_6	$C_3H_6 + 4.5O_2 = 3CO_2 + 3H_2O$	21.990	2059737	1927797
正丁烷	C_4H_{10}	$C_4H_{10} + 6.5O_2 = 4CO_2 + 5H_2O$	21.5036	2879031	2658899
正戊烷	C_5H_{12}	$C_5H_{12} + 8O_2 = 5CO_2 + 6H_2O$	20.896	3538455	3274309

1.3.3　温度、引燃温度、可燃气体着火温度

（1）温度

温度是表示物体的冷热程度的物理量，微观上讲标示了物体分子热运动的剧烈程度。从分子运动论观点看，温度是物体分子运动平均动能的标志。物质的温度越高，其分子的平均动能就越大，反之则小。常以 t 表示摄氏温度，单位为℃；以 T 表示热力学温度，单位为 K。

（2）引燃温度

现行国家标准 GB/T 5332《可燃液体和气体引燃温度试验方法》中规定了常压下空气中化学纯净的可燃液体蒸气和气体的引燃温度（自燃温度）的测定方法，测试爆炸性混合物发生引燃时的最低温度。

（3）可燃气体着火温度

可燃气体着火温度也称着火点，是指可燃气体由缓慢的氧化反应发展到发热、发光燃烧反应所需要的最低温度。着火温度代表点燃难易程度，如低于这个温度就不能燃烧。不同的可燃气体着火温度是不相同的，如甲烷的着火温度为540℃，丙烷的着火温度为 450℃。城镇燃气的着火温度要比其他燃料低很多，所以城镇燃气又被称为易燃气体。燃气组分中单一可燃气体的着火温度见表1.11。一般在纯氧中的着火温度要比在空气中低 50～100℃。

实际上可燃气体的着火温度不是一个固定值，它是与可燃气体的化学成分、

物理性质、在空气中的浓度及其混合程度、燃烧室的结构和大小、燃烧方式和速度、压力及有无催化剂作用等因素有关。在工程上，燃气的着火温度通常是通过实验来确定的。

表 1.11　燃气组分中单一可燃气体的着火温度

气体名称	甲烷	乙烷	丙烷	丙烯	丁烷	戊烷	氢	一氧化碳	硫化氢
着火温度 /℃	540	515	450	460	365	260	400	610	290

1.3.4　燃气燃烧所需空气量

根据燃烧条件，燃气燃烧需要供给适量的氧气，氧气过多或过少都对燃烧不利。燃气燃烧所需要的氧气一般都是从空气中直接获得，所需空气量分为理论空气需要量与实际空气供给量。

（1）理论空气需要量

理论空气需要量是指在标准状态下，$1m^3$ 或 1kg 燃气按燃烧化学反应方程式实现完全燃烧时所需要的干空气量，也称理论空气消耗量，单位为 m^3/m^3（干燃气）或 m^3/kg（干燃气）。理论空气需要量也是燃气完全燃烧所需要的最小空气量。

燃烧同样体积的液化石油气、天然气和焦炉煤气所需的空气量是不同的，液化石油气所需要的空气量约为燃烧天然气所需空气量的 3 倍，为燃烧焦炉煤气所需空气量的 6 倍。即燃气的热值越高则燃烧所需理论空气量也就越多。

可燃气体的理论空气需要量与理论耗氧量见表 1.12。

表 1.12　可燃气体的理论空气需要量与理论耗氧量

燃气名称	H_2	CO	H_2S	CH_4	C_2H_2	C_2H_4	C_2H_6	C_3H_6
理论空气需要量/[m^3/m^3(干燃气)]	2.38	2.38	7.14	9.52	11.90	14.28	16.66	21.42
耗氧量/[m^3/m^3(干燃气)]	0.5	0.5	1.5	2.0	2.5	3.0	3.5	4.5
燃气名称	C_3H_8	C_4H_8	n-C_4H_{10}	i-C_4H_{10}	C_5H_{10}	C_5H_{12}	C_6H_6	
理论空气需要量/[m^3/m^3(干燃气)]	23.8	28.56	30.94	30.94	35.70	38.08	35.70	
耗氧量/[m^3/m^3(干燃气)]	5.0	6.0	6.5	6.5	7.5	8.0	7.5	

（2）实际空气供给量

定义过剩空气系数 α：

$$\alpha=\frac{\text{实际空气供给量}}{\text{理论空气需要量}}$$

当实际供给的空气量小于理论空气需要量时，为缺氧燃烧，也称为不完全燃烧，$\alpha<1$；当实际供给的空气量恰好等于理论空气需要量时，$\alpha=1$。

在标准状态下 1m^3 或 1kg 燃气按反应方程式在实际条件下燃烧，由于存在燃气与空气混合不均匀的情况，为使燃气尽可能完全燃烧，减少不完全燃烧的损失，实际供给的空气量一般大于理论空气需要量，即 $\alpha>1$。此时的燃烧通常称为过量空气燃烧。

1.3.5 燃气燃烧及燃烧速度

(1) 燃烧

燃烧，是可燃物质在一定条件下与氧化剂（如空气中的氧）发生激烈的氧化还原反应，同时产生大量热并出现火焰的物理化学反应过程。

燃烧的发生必须具备三个条件：

一是要有可燃物。

二是要有助燃物，即氧化剂，一般为空气中的氧气。

三是要有着火源，按能量形式可分为热能（可燃气体与空气的混合物受热达到燃点时，即使没有明火也会燃烧）、光能、电能、机械能、化学能和生物能等。

可燃物、助燃物、着火源称为燃烧三要素。这三个要素同时具备并相互作用，燃烧才会发生。

(2) 燃烧速度

燃气燃烧速度即化学反应速度，指燃气-空气混合气体中的火焰传播速度，也称为点燃速度，常称火焰速度，单位为 m/s，表示燃气燃烧的快慢。天然气的燃烧速度较低，其最高燃烧速度（无风）只有 0.38m/s。随着天然气在空气中的浓度增加，燃烧速度也会有增加。

可燃气体-空气混合的燃烧速度与可燃气的组分有关，另外可燃气体中某组分的燃烧速度还可能受其他组分的影响。

单一可燃气体与空气混合气体的最大燃烧速度见表 1.13。

表 1.13　单一可燃气体与空气混合气体的最大燃烧速度

单一气体化学式	H_2	CO	CH_4	C_2H_4	C_2H_6	C_3H_6	C_3H_8	C_4H_8
最大燃烧速度/(m/s)	2.80	0.56	0.38	0.67	0.43	0.50	0.42	0.46
最大燃烧速度时的过剩空气系数 α	0.57	0.46	0.90	0.85	0.90	0.90	1.00	1.00

注：m/s 是用标准状态流量计算所得的速度单位。

另外，燃气的燃烧速度与可燃气体温度有关：温度越高燃烧速度就越快，相反则越慢。

1.4 燃气爆炸

1.4.1 爆炸及燃气爆炸极限

（1）爆炸

物质发生急剧氧化或分解反应，由一种状态迅速转变成另一种状态，同时释放巨大能量、产生高温的这种现象称为爆炸。

爆炸是由物理变化和化学变化引起的。在密闭空间或容器内，可燃混合气体由于传热和高温（2000～3000℃）骤然膨胀，未燃气体被绝热压缩，当达到着火温度时，全部混合气体瞬间完全燃尽，使容器内的压力猛烈增大产生极大冲击波（爆炸波），并发出巨大声响、亮光，产生极大的破坏性。

爆炸除对周围环境产生很大的破坏以外，某些物质的分解产物与空气接触，还可能会引起火灾。

（2）燃气爆炸极限

因燃气泄漏发生的爆炸称为燃气爆炸。燃气爆炸极限是指燃气与空气（或氧气）的混合物，遇到火源或高温热源发生着火以致引起爆炸的浓度范围（体积分数）。能发生爆炸的最低浓度称为爆炸下限，能形成爆炸混合物时最高浓度称为爆炸上限。燃气组分中单一可燃气体的燃烧特性见表 1.9。

可燃气体在空气中的浓度低于爆炸下限时，由于可燃气体体积不足，空气过剩，不能形成爆炸；当可燃气体在空气中浓度超过爆炸上限时，由于空气量不足，也不能形成爆炸。

爆炸下限越低的燃气，爆炸的危险性就越大。我国几种常见城镇燃气的爆炸极限见表 1.14。从表中可看出，液化石油气的爆炸危险性最大。

表 1.14 几种常见城镇燃气的爆炸极限（体积分数）

种类		天然气				人工煤气	液化石油气	
名称		四川	西气东输	大庆石油	华北石油	焦炉煤气	北京	大庆
爆炸极限/%	上限	15	15.1	14.2	14.1	35.6	9.7	9.7
	下限	5	5	4.2	4.4	4.5	1.7	1.7

1.4.2 爆炸性气体环境危险区域划分

爆炸性气体环境危险区域的划分：根据爆炸性气体混合物出现的频繁程度和持续时间分为 0 区、1 区、2 区、附加 2 区。危险区域的划分原则是：

0 区：连续出现或长期出现爆炸性气体混合物的环境；

1 区：在正常运行时可能出现爆炸性气体混合物的环境；

2 区：在正常运行时不太可能出现爆炸性气体混合物的环境，即使出现也仅是短时存在的爆炸性气体混合物的环境；

附加 2 区：当高挥发性液体可能大量释放并扩散到 15m 以外时，爆炸危险区域的范围应划分为附加 2 区。

城镇燃气各场站内用电场所和爆炸危险区域的等级和范围划分应按相关标准确定。

0 区一般只存在于密封容器和储罐等内部气体空间。在实际设计中，1 区存在很少，大多数情况是属于 2 区。

1.4.3 爆炸压力及爆炸分类

（1）爆炸压力

爆炸压力是指爆炸物体爆炸后气体在高温作用下迅速膨胀所具有的压力。各种燃气爆炸压力因受多种因素影响是不相同的。如天然气-空气混合物爆炸时，所产生的压力一般不超过 1MPa；而天然气与氧气混合时，由于天然气在氧气中燃烧时温度更高，其爆炸压力比与空气混合时大得多。

（2）爆炸分类

爆炸分为物理爆炸、化学爆炸、核爆炸三类。

物理爆炸：是由物理因素引起物质状态或压力发生突变而超过容器承受压力极限（或容器本身具有一定的缺陷）发生的爆炸。爆炸前后物质的化学性质不改变。

化学爆炸：是指由于物质混合形成爆炸性气体，同时温度达到气体的燃点且遇有火源（如散发火花、电弧、静电或高温），而发生急剧氧化或分解产生温度、压力增加进而发生爆炸的现象。化学爆炸前后，物质的化学性质发生了根本性变化。

核爆炸：是原子发生核裂变或核聚变反应，释放出核能所形成的爆炸。原子弹、氢弹、中子弹的爆炸都属于核爆炸。

1.4.4 爆炸危险区域及燃气爆炸条件

（1）爆炸危险区域

是指爆炸性混合物出现的或预期可能出现的数量，达到足以要求对电气设备的结构、安装和使用采取预防措施的区域。

（2）燃气爆炸条件

一是燃气与空气混合物中，燃气的浓度在爆炸极限范围之内。例如，天然气爆炸极限范围在5%～15%之间，液化石油气爆炸极限范围在1.7%～9.7%之间。

二是在相对密闭的空间。

三是有火源，比如明火、电器开关在开关操作或接打电话时产生的电火花、混合物达到着火温度等。

只有在上述三个条件同时具备时，燃气才能发生爆炸。

1.4.5 燃气爆炸威力

燃气爆炸是瞬间发生、瞬间完成的。由于爆炸能放出大量的反应热，使气体的温度与压力急剧上升，当无法外泄时，在几千分之一秒内产生速度达2000～3000m/s的冲击波并发出巨大的声响，一般都具有较大的破坏力，往往使设备、管道或建筑物等遭到严重破坏。

一般情况下，$1m^3$天然气，总爆炸能量约相当于36.53MJ。而人们通常所说的TNT（三硝基甲苯）当量（单位为t TNT或kg TNT），是以1吨TNT的爆炸能量为单位来计算的，1t TNT的爆炸能量大约相当于4.2GJ。所以，$1m^3$天然气爆炸释放的能量换算为TNT当量为8.7×10^{-3}t TNT。在燃气输送和设备维护工作中，一旦燃气泄漏极易发生化学爆炸，这必须要得到充分重视。

几种可燃气体爆炸时所产生的压力值见表1.15。

表1.15 几种可燃气体爆炸时所产生的压力值

可燃气体	氢	甲烷	乙烷	丁烷	乙烯	乙炔	汽油	焦炉煤气	二硫化碳
压力/MPa	1.646	0.735	0.931	0.931	1.6464	1.6464	0.931	0.735	1.6464

1.4.6 液化石油气爆炸

一般情况下，钢瓶内的液化石油气处于气、液两相共存的相对平衡状态。在使用时，如设备出现问题或使用不当，液化石油气钢瓶会发生泄漏、燃烧和爆炸事故。液化石油气钢瓶爆炸，首先是钢瓶瓶体破裂发生物理爆炸，使液化石油气瞬间膨胀250～300倍，由液态变成气态，产生冲击波；然后变成气态的液化石油气又迅速与空气混合，当空气中石油气浓度达到1.7%～9.7%爆炸极限时，若遇到火源，瞬间即可发生化学爆炸，使财产遭受重大损失，并会伤及生命。

一只充装13.5 kg液化石油气的钢瓶爆炸，约相当130 kg TNT炸药的威力，差不多能炸毁一栋两层楼房。

1.4.7 燃烧与爆炸

燃烧和爆炸都要具备可燃物、氧化剂和火源三条件。因此，燃烧和爆炸就其基本性质来说是相同的，而它们的主要区别是氧化反应速度的不同。燃烧（氧化）速度越快，燃烧热释放也越快，产生的破坏力也越大。由于燃烧和爆炸的主要区别在于物质的燃烧速度，所以火灾和爆炸过程有显著不同。火灾有初始阶段、发展阶段和衰弱熄灭阶段，造成的损失随着时间的延续而加重。因此，一旦发生火灾，如能尽快扑灭，即可减少损失。而爆炸的实质是瞬间燃烧，通常在1s之内已经完成，造成的人员伤亡、设备毁坏和房屋倒塌发生于顷刻之间，猝不及防。因此，爆炸一旦发生，损失是无法避免的。

1.4.8 有爆炸危险厂房的泄压要求

有爆炸危险的厂房或厂房内有爆炸危险的部位应设置泄压设施。泄压设施宜采用轻质屋面板、轻质墙体和易于泄压的门、窗，安全玻璃等在爆炸时不产生尖锐碎片的材料。

作为泄压设施的轻质屋面板和墙体的单位面积质量不宜大于60kg/m^2。屋顶上的泄压设施应采取防冰雪积聚措施。

1.5 燃气质量

1.5.1 人工煤气质量

(1) 人工煤气

煤的气化制气宜作为人工煤气气源厂的辅助（加热）和掺混（燃气混配）用气源。当作为城镇主要气源时，为保证城镇燃气系统的用气安全，减少设备管道腐蚀、堵塞及煤气损失，减少对环境的污染和保障系统的经济合理性，必须采取有效措施，使煤气中杂质、一氧化碳含量及煤气热值等都达到现行国家标准GB 55009《燃气工程项目规范》的质量标准，人工煤气的质量指标见表1.16。

表1.16 人工煤气的质量指标

项目	质量指标
低位热值①/(MJ/m^3)	
一类气②	>14
二类气②	>10

续表

项目	质量指标
杂质	
焦油和灰尘/(mg/m^3)	<10
硫化氢/(mg/m^3)	<20
氨/(mg/m^3)	<50
萘③/(mg/m^3)	$<50\times10^2/P$(冬天) $<100\times10^2/P$(夏天)
含氧量④(体积分数)	
一类气	<2%
二类气	<1%
含一氧化碳⑤(体积分数)	<10%

① 表中煤气体积（m^3）指在 101.325kPa、15℃状态下的体积。

② 一类气为煤干馏气；二类气为煤气化气、油气化气（包括液化石油气及天然气改制）。

③ 萘系指萘和它的同系物 α-甲基萘及 β-甲基萘。在确保煤气中萘不析出的前提下，各地区可以根据当地燃气管道埋设处的土壤温度规定本地区煤气中含萘指标。当管道输气点绝对压力（P）小于 202.65kPa 时，压力（P）因素可不参加计算。

④ 含氧量指制气厂生产过程中所需要求的指标。

⑤ 对二类气或掺有二类气的一类气，其一氧化碳含量应小于 20%（体积分数）。

（2）焦炉煤气

现用于城镇燃气的人工煤气主要是焦炉煤气，焦炉煤气是煤干馏煤气，其低位热值一般为 17.6MJ/m^3，高位热值一般为 19.8MJ/m^3，其杂质含量应符合表 1.16 要求。在焦炉煤气中因含有的硫化物是有臭味的，若臭味不足以达到臭味剂气味强度 2 级，还应加入加臭剂。

1.5.2 液化石油气质量

用于城镇燃气的液化石油气质量，必须符合现行国家标准 GB 55009《燃气工程项目规范》的有关规定。

按标准液化石油气的组分和挥发性有 3 个品种：商品丙烷（要求高挥发性使用)、商品丁烷（要求低挥发性使用)、商品丙丁烷混合物（要求中等挥发性使用)。液化石油气质量技术要求和试验方法见表 1.17。用于城镇燃气的液化石油气为丙丁烷混合气。

一些企业为了追求高的利益，将二甲醚掺混到液化石油气中供用户使用。对此，国家质检总局于 2008 年 3 月下发的《关于气瓶充装问题的通知》（质检特函〔2008〕17 号）中明确规定：不准在民用液化石油气储罐内充装二甲醚。

为保障安全使用液化石油气，当液化石油气无臭味或臭味不足时，应加入具有明显臭味的含硫化合物配制的加臭剂。

表 1.17 液化石油气质量技术要求和试验方法

项目	质量指标		
	商品丙烷	商品丙丁烷混合物	商品丁烷
密度（15℃）/(kg/m^3)	报告		
蒸气压（37.8℃）/kPa	≤1430	≤1380	≤485
组分			
C_3 烃类组分（体积分数）/ %	≥95	—	—
C_4 及 C_4 以上烃类组分（体积分数）/ %	≤2.5	—	—
(C_3+C_4) 烃类组分（体积分数）/ %	—	≥95	≥95
C_5 及 C_5 以上烃类组分（体积分数）/ %	—	≤3.0	≤2.0
残留物			
蒸发残留物 / (mL/100mL)	≤0.05		
油渍观察	通过		
铜片腐蚀（40℃,1h）/ 级	≤1		
总硫含量 / (mg/m^3)	≤343		
硫化氢（需要满足下列要求之一）			
乙酸铅法	无		
层析法 / (mg/m^3)	≤10		
游离水	无		

注：1. 液化石油气中不允许人为加入除加臭剂以外的非烃类化合物。

2. 每次以 0.1mL 的增量将 0.3mL 溶剂-残留物混合液滴到滤纸上，2min 后在日光下观察，无持久不退的油环为通过。

3. “—” 为不得检出。

1.5.3 天然气质量

在燃气输配、储存和应用过程中，为了保证城镇燃气系统和用户的安全，减少腐蚀、堵塞和损失，要求供给城镇燃气的天然气质量指标，必须符合现行国家标准 GB 55009《燃气工程项目规范》或 GB 17820《天然气》的规定及天然气类别、燃气互换性、华白数和燃烧势、加臭要求，以保障其质量相对稳定。

供给城镇的天然气按现行国家标准 GB 17820 分为一类和二类，其质量要求应符合表 1.18 的规定。

表 1.18 天然气质量要求

项目		一类	二类
高位发热量①②/(MJ/m^3)	≥	34.0	31.4
总硫(以硫计)①/(mg/m^3)	≤	20	100

续表

项目	一类	二类
硫化氢①/(mg/m^3) ≤	6	20
二氧化碳摩尔分数/% ≤	3.0	4.0

① 本标准中气体体积的标准参比条件是101.325kPa、20℃。

② 高位发热量以干基计。

在天然气交接点的压力和温度条件下，天然气中应不存在液态水和液态烃。

1.6 燃气加臭及加臭剂加入量

1.6.1 加臭及加臭执行标准

(1) 加臭

城镇燃气是易燃、易爆、有毒性的可燃气体，一般是在压力下输送和使用，如输送过程中管道及设备材料或施工质量存在问题或燃气使用不当，容易造成燃气泄漏，有引起着火、爆炸和人身中毒的危险。当发生燃气泄漏时，人们需要及时发觉并采取有效措施，消除泄漏。所以对无味的天然气、液化石油气或气味不足的人工燃气添加具有“与众不同可被察觉”的加臭剂，随着加臭剂的气化，使燃气带有加臭剂的特殊气味，而易被人即刻察觉。

加臭就是往燃气中加入具有强烈气味的有机化合物或混合物，使泄漏的燃气在达到其爆炸下限20%或达到对人体允许的最低有害浓度时，会发出一种特殊的、令人不愉快的警示性臭味，从而能被人所察觉，使人能及时采取措施，消除隐患保障燃气输送和使用安全。

城镇燃气加臭是出于安全用气需要而设置的工序，一般是由城镇燃气管理部门决定。加臭装置大多数是设在储配站或门站内。所以，在储配站、门站或整个输配系统工程进行设计时，必须考虑燃气中加臭装置的设置。

(2) 执行标准

燃气中加臭，应执行现行国家标准GB 50028《城镇燃气设计规范》(2020版)、现行行业标准CJJ/T 148《城镇燃气加臭技术规程》。

1.6.2 加臭剂及加入量

(1) 加臭剂

无毒燃气（如天然气）泄漏时，尽管使人中毒的可能性较小，但其危害是泄漏的燃气逐渐降低了空气中氧含量，会使人因缺氧而窒息。根据现行国家标准 GB 50028 的有关规定，加臭剂用量的标准是无毒燃气泄漏到空气中达到爆炸下限的 20%（体积分数）时，应能被察觉。现我国城镇燃气中常使用的加臭剂有：四氢噻吩、硫醇类和无硫类等。

（2）加臭剂加入量

根据现行行业标准 CJJ/T 148《城镇燃气加臭技术规程》的有关规定，几种常用的无毒燃气的加臭剂用量见表 1.19。

表 1.19　几种常用的无毒燃气的加臭剂用量

燃气种类	加臭剂质量浓度 /（mg/m^3）		
	四氢噻吩	硫醇类	无硫类
天然气（天然气在空气中的爆炸下限为 5%）	20	4～8	15～18
液化石油气（C_3 和 C_4 各占一半）	50	—	—
液化石油气与空气的混合气（液化石油气：空气＝50：50；液化石油气组分为 C_3 和 C_4 各占一半）	25	—	—

第2章

场站安全检查及整改

2.1 场站通用

按燃气分类及燃气压力设置的场站其功能虽不相同，但安全隐患检查有共同之处。首先检查场站建设是否有批文和相关手续，场站与站内外建、构筑物的防火间距是否符合规范要求。如检查中有不符合防火间距要求的，应采取安全措施，经专家论证通过，并报有关部门批准后方可继续生产。对没有办理报批手续又不符合防火间距的则责令停止生产。

重点对燃气相关企业安全生产条件、证照、资质等进行检查，对不符合条件的严格依法予以取缔或吊销资质证照，加快淘汰一批基础差、安全管理水平低的企业；检查燃气场站设施安全间距不符合要求等突出问题隐患；检查未按规定将燃气工程纳入工程质量安全监管、未依法进行特种设备施工前告知和安装监督检验等问题。

2.1.1 证照、资质与主要制度

（1）证照、资质

检查证照、资质是否齐全并在有效期内。现场必备的证照有：危化品安全经营许可证、工商营业执照、燃气经营许可证、压力容器使用证、气瓶充装许可证、计量器具检验合格证及相关人员资格证和上岗证等。

（2）主要制度

① 基本制度：安全生产责任制；安全技术措施管理；安全生产检查及安全

隐患整改制度；安全风险分级管控和隐患排查治理制度；安全生产培训计划及内容；应急预案；重大危险源管理制度；消防演练制度；等等。

② 专业安全管理制度：生产、储存区域防火、动火防爆管理制度及禁令；消防设施、器材管理制度；计量器具、仪表、防雷及电器设施管理制度；场站设备管理制度；等等。

③ 技术操作规程（作业指导手册）：储罐及工艺管道运行操作规程；充装技术操作规程；主要设备操作规程；防雷防静电规程；运输设备（火车、漕船、汽车）装卸操作规程；净化系统操作规程；压缩机、泵操作规程；燃气装卸作业操作规程；燃气设施维修、抢修技术规程；放散、残液处理、排污操作规程；等等。

④ 岗位职责：场站负责人岗位职责、安全职责；安全管理人员职责；运行操作工岗位职责；维修操作工岗位职责；门卫岗位职责；等等。

2.1.2 管理人员及从业人员

（1）管理人员

① 安全管理人员包括：企业主要负责人及安全生产管理人员；场站负责人；专、兼职安全管理人员。

② 安全技术负责人（工艺设备员）。

③ 消防安全人员包括：安全员；消防员。

（2）从业人员

① 压力容器操作人员；气瓶充装操作及储运人员。

② 燃气运输车辆驾驶员；装卸管理人员及燃气运输押运人员。

③ 电工；压力容器焊接工。

④ 运行工；维护和维修工。

以上人员应按要求取得相应从业资格证。

2.1.3 安全管理机构

各场站应设置安全管理机构，并制定组长、副组长及安全领导小组成员职责。

执行董事兼总经理为安全领导小组组长；

经营经理为安全领导小组副组长；

安全、维修人员为安全领导小组成员；

燃气用户为安全协管员。

2.1.4 主要管理工作

（1）基础管理

① 安全生产例会；

② 安全生产教育；

③ 安全检查；

④ 事故管理、安全生产奖惩；

⑤ 应急管理。

（2）专项管理

① 运行管理包括：设备运行；消防设施、器材应急演练。

② 运行记录包括：日运行记录；交接班记录；装卸车记录；重点设备巡检记录；重点部位日巡查记录；设备运行及检查记录；设备保养检修记录；安全检查和安全隐患整改记录。

③ 设备更新改造应有程序；质量合格证；验收手续是否齐全并符合要求。

④ 生产门卫建立进出车辆人员登记管理制度。

2.1.5 场站环境

（1）劳动防护

场站内应统一着装，穿着防静电服装、无铁钉底鞋，严禁火种物进站。

（2）运行场地环境

① 场站生产区应设置高度不低于 2.0m 的不燃性实体围墙。

② 场站区应有平面图及工艺流程图。

③ 设备性能操作标牌悬挂正确、标识齐全、清晰；现场设备管理无跑、冒、滴、漏；无严重锈蚀。

④ 设备、阀门工作状态应与挂牌一致。

⑤ 管道流向应有标识，色标要清楚。

⑥ 设备无不正常振动、磨损腐蚀等现象；噪声应符合要求。

⑦ 运转设备的旋转部件应设有防护措施。

（3）场站内部环境

① 场站入口处应设有“入站须知”，并进行进站“安全教育”。

② 场站内物品堆放符合相关要求，防火区域无可燃、易燃物。

③ 场站道路和出入口设置应满足便于通行、消防通道畅通无阻。

④ 防火区域车辆必须安装阻火器；在卸气处为防止卸气车溜车，应备有止

滑器。

⑤ 在生产区入口处应设置安全有效的人体静电消除装置（静电释放仪）。

⑥ 消防器材足量、完好，有专人管理；场站内应设置消防疏散指示牌。

⑦ 防火、禁烟和动火标志明显醒目。

⑧ 场站内无地下、半地下建筑物。

⑨ 燃气场站应在明显位置标示应急疏散线路图。

⑩ 场站干净卫生，无杂草。

2.1.6 场站安全管理安全检查依据及检查内容

场站安全管理安全检查法律法规依据及检查内容见表 2.1。

表 2.1 场站安全管理安全检查法律法规依据及检查内容

单位名称： 检查日期： 年 月 日

序号	法律法规依据	检查内容	检查结果
1	证照、资质	消防部门审核合格意见书 建设部门核发经营资质证书、特许经营证 工商营业执照 企业主要负责人、安全管理人员安全资格证书 特种作业人员操作资格证书 其他从业人员经培训、考核合格持证上岗 设立安全生产管理机构或配备专职安全管理人员	
2	《城镇燃气管理条例》	第十五条 国家对燃气经营实行许可证制度。从事燃气经营活动的企业，应当具备下列条件： （一）符合燃气发展规划要求； （二）有符合国家标准的燃气气源和燃气设施； （三）有固定的经营场所、完善的安全管理制度和健全的经营方案； （四）企业的主要负责人、安全生产管理人员以及运行、维护和抢修人员经专业培训并考核合格； （五）法律、法规规定的其他条件	
		第二十二条 燃气经营者应建立健全燃气质量检测制度，确保所供应的燃气质量符合国家标准	
		第二十五条 燃气经营者应当对其从事瓶装燃气送气服务的人员和车辆加强管理，并承担相应的责任； 从事瓶装燃气充装活动，应当遵守法律、行政法规和国家标准有关气瓶充装的规定	
		第二十六条 燃气经营者应当依法经营，诚实守信，接受社会公众的监督	
		第三十九条 燃气经营者应当制定本单位燃气安全事故应急预案，配备应急人员和必要的应急装备、器材，并定期组织演练	

续表

序号	法律法规依据	检查内容	检查结果
		第四十一条　燃气经营者应当建立健全燃气安全评估和风险管理体系，发现燃气安全事故隐患的，应当及时采取措施消除隐患	
		第四十三条　燃气安全事故经调查确定为责任事故的，应当查明原因、明确责任，并依法予以追究 对燃气生产安全事故，依照有关生产安全事故报告和调查处理的法律、行政法规的规定报告和调查处理	
3	《安全生产法》	第四条　生产经营单位必须遵守本法和其他有关安全生产的法律、法规，加强安全生产管理，建立健全全员安全生产责任制和安全生产规章制度	
		第五条　生产经营单位的主要负责人是本单位安全生产第一负责人，对本单位的安全生产工作全面负责。其他负责人对职责范围内的安全生产工作负责	
		第十六条　国家实行生产安全事故责任追究制度，依照本法和有关法律、法规的规定，追究生产安全事故责任单位和责任人员的法律责任	
		第二十一条　（二）组织制定并实施本单位安全生产规章制度和操作规程； （六）组织制定并实施本单位的生产安全事故应急救援预案	
		第二十二条　生产经营单位的全员安全生产责任制应当明确各岗位的责任人员、责任范围和考核标准等内容	
		第二十四条　矿山、金属冶炼、建筑施工、运输单位和危险物品的生产、经营、储存、装卸单位，应当设置安全生产管理机构或者配备专职安全生产管理人员	
		第二十五条　生产经营单位的安全生产管理机构以及安全生产管理人员履行下列职责： （一）组织或者参与拟订本单位安全生产规章制度、操作规程和生产安全事故应急救援预案； （二）组织或者参与本单位安全生产教育和培训，如实记录安全生产教育和培训情况； （三）组织开展危险源辨识和评估，督促落实本单位重大危险源的安全管理措施； （四）组织或者参与本单位应急救援演练； （五）检查本单位的安全生产状况，及时排查生产安全事故隐患，提出改进安全生产管理的建议； （六）制止和纠正违章指挥、强令冒险作业、违反操作规程的行为； （七）督促落实本单位安全生产整改措施。 生产经营单位可以设置专职安全生产分管负责人，协助本单位主要负责人履行安全生产管理职责	
		第二十七条　生产经营单位的主要负责人和安全生产管理人员必须具备与本单位所从事的生产经营活动相应的安全生产知识和管理能力	

续表

序号	法律法规依据	检查内容	检查结果
		第二十八条　生产经营单位应当对从业人员进行安全生产教育和培训，保证从业人员具备必要的安全生产知识，熟悉有关的安全生产规章制度和安全操作规程，掌握本岗位的安全操作技能，了解事故应急处理措施，知悉自身在安全生产方面的权利和义务。未经安全生产教育和培训合格的从业人员，不得上岗作业	
		第二十九条　生产经营单位采用新工艺、新技术、新材料或者使用新设备，必须了解、掌握其安全技术特性，采取有效的安全防护措施，并对从业人员进行专门的安全生产教育和培训	
		第三十条　生产经营单位的特种作业人员必须按照国家有关规定经专门的安全作业培训，取得相应资格，方可上岗作业	
		第三十五条　生产经营单位应当在有较大危险因素的生产经营场所和有关设施、设备上，设置明显的安全警示标志	
		第四十条　生产经营单位对重大危险源应当登记建档，进行定期检测、评估、监控，并制定应急预案，并告知从业人员和相关人员在紧急情况下应当采取的应急措施。 生产经营单位应当按国家有关规定将本单位重大危险源及有关安全措施、应急措施报有关地方人民政府应急管理部门和有关部门备案	
		第四十四条　生产经营单位应当教育和督促从业人员严格执行本单位的安全生产规章制度和安全操作规程；并向从业人员如实告知作业场所和工作岗位存在的危险因素、防范措施以及事故应急措施	
		第四十七条　生产经营单位应当安排用于配备劳动防护用品、进行安全生产培训的经费	
		第五十一条　生产经营单位必须依法参加工伤保险，为从业人员缴纳保险费	
4	《生产经营单位生产安全事故应急预案编制导则》	应急救援预案有效性包括：各类各级预案是否齐全、预案内容分析（组织机构、人员安排、物资保障、外援人力等）、演练情况及记录、预案更新等	
5	《防雷减灾管理办法》	第十九条　投入使用后的防雷装置实行定期检测制度。防雷装置应当每年检测一次，对爆炸和火灾危险环境场所的防雷装置应当每半年检测一次	
6	《中华人民共和国特种设备安全法》	第十四条　特种设备安全管理人员、检测人员和作业人员应当按国家有关规定取得相应资格，方可从事相关工作	
		第三十三条　特种设备使用单位应当在特种设备投入使用前或者投入使用后三十日内，向负责特种设备安全监督管理的部门办理使用登记，取得使用登记证书。登记标志应当置于该特种设备的显著位置	
		第三十五条　特种设备使用单位应当建立特种设备安全技术档案。安全技术档案应包括以下内容： （一）特种设备的设计文件、产品质量合格证明、安装及使用维护保养说明、监督检验证明等相关技术资料和文件； （二）特种设备的定期检验和定期自行检查记录； （三）特种设备的日常使用状况记录；	

续表

序号	法律法规依据	检查内容	检查结果
		(四)特种设备及其附属仪器仪表的维护保养记录； (五)特种设备运行故障和事故记录	
		第四十条　特种设备使用单位应当按照安全技术规范的要求，在检验合格有效期届满前一个月向特种设备检验机构提出定期检验要求。 特种设备使用单位应当将定期检验标志置于该特种设备的显著位置。 未经定期检验或者检验不合格的特种设备，不得继续使用	

检查结果：

整改意见：

被检查单位负责人签字：　　　　　　　　　　　　　　　　检查人签名：

2.2 人工煤气储配站

2.2.1 人工煤气储配站及功能

(1) 储配站

使用人工煤气的城镇，都建有人工煤气储配站，简称储配站，是城市煤气输配系统中储存和分配煤气的设施。少数城镇使用的人工煤气，是焦化厂副产的焦炉煤气。焦化厂不列入城镇燃气行业管理范围，人工煤气储配站接受焦化厂经净化的焦炉煤气，在储配站内储存并输配给各类煤气用户。

(2) 储配站主要功能

① 接受气源来气，并能使多种气源混合达到所需的煤气热值；

② 储存煤气，调节煤气生产与用气之间的平衡，保证高峰时调峰用气；

③ 控制输配系统供气压力；

④ 进行气量分配；

⑤ 测定气体流量；

⑥ 检测煤气气质；

⑦ 煤气加臭；

⑧ 气源设施如发生暂时故障，维修以保障供气。

2.2.2 站内主要设施

人工煤气储配站内主要设施是煤气储气罐和煤气压缩机。

（1）煤气储气罐

城镇燃气用量是不断变化的，有月不均匀性、日不均匀性和时不均匀性。但气源厂来气，即气源的供应量是不可能完全按用气量的变化而改变的。为了保证不间断供应煤气，必须解决煤气供气与使用的平衡问题。在人工煤气储配站内建造煤气储气罐就是用来均衡城镇日供需气量波动的基本措施，即在日用户低峰用气时把气源厂均匀来的多余煤气储存起来，用于补充用气高峰时气源供应不足的部分，从而保证各类用户安全稳定用气。

人工煤气储配站内设有工作压力（表压）在 10kPa 以下，依靠容积变化储存燃气的低压煤气储气罐（简称低压储气罐）。低压储气罐分为低压湿式储气罐和低压干式储气罐两种。

低压湿式储气罐：由水槽、钟罩和塔节组成，利用水封隔断罐内外气体的低压钢质储气罐。低压湿式储气罐有直立式低压湿式储气罐和螺旋式低压湿式储气罐两种。

低压干式储气罐：由外筒、底板、活塞和密封装置组成的低压钢制储气罐。低压干式储气罐有曼型低压干式储气罐、克隆型低压干式储气罐和威金斯型低压干式储气罐三种。

（2）煤气压缩机

人工煤气是低压储存，在煤气输配系统中，压缩机是提高煤气输送压力的机器。压缩机类型很多，在煤气输配系统中基本上有两大类：容积型压缩机和速度型压缩机。

容积型压缩机主要有活塞式压缩机、回转式压缩机、螺杆式压缩机和滑片式压缩机；速度型压缩机主要是离心式压缩机。在城镇煤气输配系统中常用的是活塞式压缩机及罗茨式回转压缩机。

2.2.3 人工煤气储配站安全检查要点

① 周边道路是否畅通，消防车是否能驶入，入口处是否有安全警示标志。站内有无违章搭建。

② 检查站的四周围墙是否完好无破损。站内生产区和辅助区之间是否有明显划分。

③ 站内有无煤气净化装置。

④ 站内应设有煤气组分与杂质等含量测定装置，尤其查看煤气中 CO 和 H_2S 的含量。

⑤ 检查湿式储气罐有无储气量指示器，是否可以正常使用；水封阀设置及

水位是否正常。

⑥ 检查干式储气罐密封系统、报警装置设置。

⑦ 检查压缩机出入口阀门、防振，泄漏报警及排风设施是否按规范要求设置。压缩机室入口处应设置人体静电释放仪。

⑧ 检查建筑、构筑物及储气罐、设备和管道的防雷接地措施。

⑨ 检查安全阀、压力表、计量装置及防雷防静电接地装置年检及年检报告。

⑩ 检查消防水系统及灭火器材配置及存放。是否有安全培训计划及演练记录。

⑪ 检查加臭装置，煤气中加臭剂含量是否符合规范要求。

2.2.4 人工煤气储配站安全检查项目及检查内容

人工煤气储配站安全检查项目及检查内容见表2.2。

表2.2 人工煤气储配站安全检查项目及检查内容

被检查单位名称：　　　　　　　　　　　　　　　检查日期：　　年　月　日

序号	检查项目	检查内容	检查结果
1	总平面布置	检查站的四周实体围墙是否完好无破损，墙上宜设监控报警装置	
		储罐与站外、站内建筑防火间距应符合相关规范规定	
		站内分生产区和辅助区，中间应有完好围墙隔开	
		站内生产区不得建有地下、半地下建筑物，地面没有违章搭建	
		消防通道应平整完好、畅通无阻，寒冷地区应设地下消火栓	
		储气罐所有工作处，均应有安全通道和安全作业区	
		应有车辆管理制度，非专用车辆不得驶入生产区	
2	管道、阀门	管道表面无损、外表防腐涂层完好无腐蚀，管道上应有煤气流向标识	
		进出口管道应设置切断阀和绝缘法兰，阀门应有开闭指示牌	
		管道焊接、法兰、丝扣、卡套等连接部位严密无泄漏	
		阀门应定期检查、无损坏、启闭灵活，无泄漏	
		管道采用法兰或螺纹连接时，在接头处应采用金属导体跨接	
		湿式储气罐： 检查储气罐罐体是否腐蚀； 检查导轨垂直度、上下挂圈水位、导轨框架结合点、铆接缝的搭接边缘、螺旋导轨的板面和柱子腐蚀； 检查梯子、扶手是否完好； 检查低压湿式储气罐燃气的进气管、出气管设置的水封阀等切断装置及储气罐安全水封液位； 严寒、寒冷地区低压湿式人工煤气储气罐应采取防止水封冻结措施，并应设有储气量指示器； 储气量指示器应具有显示储量及可调节的高低限位声、光报警装置，是否引到控制室	

续表

序号	检查项目	检查内容	检查结果
3	储气罐	干式储气罐： 检查干式储气罐所有活动部件和罐壁是否腐蚀、泄漏；检查活塞和套筒倾斜度；检查油井和油槽； 检查顶盖和天窗，进出气口和煤气容量安全阀及排污阀； 检查电梯和内部提升机能否正常运行并设有极限开关； 检查监测活塞上方大气和异常报警装置、检查油泵供电失灵报警装置、检查罐内发生意外事件时能从罐顶传到地面的报警装置； 控制室应设活塞升降速度、煤气出入口阀开度、煤气放散阀放散量以及各种阀的开关和故障信号装置； 检查电气设备	
4	辅助设施	压缩机： 压缩机室应通风良好，应设有煤气浓度检测报警器、机械通风装置； 压缩机进、出气管道应采取减振降噪措施； 压缩机冷却水出口温度不应超过 40℃； 压缩机组前必须设有紧急停车按钮； 控制室与压缩机室之间应设有能观察压缩机运转的隔声耐火玻璃窗	
		配电： 配电应符合国家标准“二级负荷”的规定； 站内生产区使用的电气应是防爆型； 在压缩机门口应设有人体静电释放仪； 站内爆炸危险厂房和装置区内应装设燃气浓度检测报警装置； 储气罐和压缩机室、计量室等用房应设有防雷接地设施； 储气罐和管道应设有静电接地设施； 防雷、防静电应按期检验，并应有检验报告	
		仪表： 根据工艺要求设置压力表、温度计及流量计，压力表及流量计应年检； 压缩机进出口必须设置压力表、温度计； 仪表及控制系统应稳定显示、累计和记录正常、报警和联锁系统可靠； 过滤器出入口应设压力表，根据压差进行滤芯清洗或更换； 应设有煤气组分、密度、湿度和杂质等含量检测仪表，检查检测报告	
		锅炉： 应根据当地环保部门规定是采用燃气锅炉还是燃煤锅炉； 根据当地气象条件决定是采用蒸汽锅炉还是热水锅炉； 锅炉烟囱出口与储气罐及煤气放散管出口应符合规定水平距离	
		消防： 检查消防水池水量，消防水管网应采用环形管网，其给水干管不少于 2 条； 干粉灭火器应按规范规定配置数量，并固定存放	
		加臭： 检查加臭装置运行是否正常，加入量是否符合规范要求	

续表

序号	检查项目	检查内容	检查结果
5	安全设施	储气罐的固定地点或入口处应备有相应的警戒标志、呼吸装置、灭火设备和其他急救设备	
		压力表应在检定有效期内，检定标签应粘在表壳上，检定铅封完好。 在最高允许工作压力位置应采用红色标记	
		报警装置应集中设置在值班室	
		安全阀应定期检定，每年至少一次，检定铅封完好。安全阀与保护设备间的阀门应全开。 放散管阻火器及防雨罩设置	
		安全阀、压力表、防雷防静电应进行年检、出年检报告，并在有效期内	
		上湿式储气罐或进入干式储气罐工作应有特殊批准管理制度，进入储气罐应至少2人，要有专人监护	
		生产区内不得设置其他可燃介质储罐	
		在生产区不得穿戴易产生火花的衣服和鞋帽，应配备防毒面具	
		检查储配站生产安全事故应急预案	
		消防水系统应进行操作检查。检查灭火器配置数量、存放及是否过期	
		检查是否有安全培训计划，是否有消防演练及演练记录	
		入口处应有醒目的“易燃易爆”“严禁烟火”“闲人免进”等防火警示标志及“入站须知”告知牌； 设有值班门卫，定时巡查并记录； 站内应至少设置1台直通外线电话	

检查结果：

整改意见：

被检查单位负责人签字：　　　　　　　　　　　　　　　　检查人签名：

2.3 液化石油气供应站

2.3.1 液化石油气供应站及各场站功能

液化石油气供应站是具有储存、装卸、灌装、汽化、混气、配送等功能，以储配、汽化（混气）或经营液化石油气为目的的专用场所，是液化石油气场站的总称。

液化石油气场站包括：储存站、储配站、灌装站、汽化站、混气站、瓶组气化站和瓶装供应站等，各场站的主要功能如下。

（1）液化石油气储存站

是由储存和装卸设备组成，以储存为主，并向灌装站、汽化站和混气站配送液化石油气为主要功能的专门场所。

（2）液化石油气储配站

是由储存和装卸设备组成，以储存液化石油气为主要功能，兼具液化石油气灌装作业为辅助功能的专门场所。

（3）液化石油气灌装站

是由灌装、储存和装卸设备组成，以液化石油气灌装作业为主要功能的专门场所。

（4）液化石油气汽化站

是由储存和汽化设备组成，以将液态液化石油气转变为气态液化石油气为主要功能，并通过管道向用户供气的专门场所。

（5）液化石油气混气站

是由储存、汽化和混气设备组成，将液态液化石油气转换为气态液化石油气后，与空气或其他低热值燃气按一定比例混合配制成混合气，经稳压后通过管道向用户供气的专门场所。

（6）液化石油气瓶组汽化站

配置 2 个或以上液化石油气钢瓶，采用自然或强制汽化方式将液态液化石油气转换为气态液化石油气后，经稳压后通过管道向用户供气的专门场所。

（7）液化石油气瓶装供应站

是经营和储存瓶装液化石油气的专门场所。

2.3.2 场站内主要设施

液化石油气供应站内主要设施是：液化石油气储罐，压缩机、液化石油气泵及灌装秤。

（1）液化石油气储罐

液化石油气储罐是接收各种输送方式运输来的液态液化石油气的储存设备。

储存液化石油气的储罐是钢制压力容器，罐上设有进口、出口、安全放散口、压力表及液位计接口、排污口、检查口等。

常用于液化石油气的储罐形式有球罐、圆筒形卧罐。球罐为以支柱支撑的钢制球形储罐，常用的结构形式为橘瓣式或混合式。卧罐为水平放置于鞍形支座上的圆筒形储罐。根据液态液化石油气储存压力和温度，可选用储罐有全压力式储罐、半冷冻式储罐和全冷冻式储罐。常温状态下盛装液化石油气一般选用全压力式储罐，其特点是储存压力随环境温度变化。在较低温度和较低压力下盛装液化石油气一般选用半冷冻式储罐。在低温和常压下盛装液化石油气一般选用全冷冻式储罐。

（2）压缩机、液化石油气泵

液化石油气储存站、储配站和灌装站都设有压缩机、液化石油气泵（又称烃泵）。压缩机主要用于液化石油气倒罐、装车卸车、余气回收、残液回收、灌装等。烃泵主要用于液化石油气输送，但也可利用烃泵进行灌装，但灌装速度较慢。为提高灌装速度，灌装时压缩机和烃泵可以串联使用。压缩机应设置在室内，液化石油气泵宜在罐区露天设置。

（3）灌装秤

液化石油气灌装秤是用于灌装液化石油气钢瓶时检斤、除皮重、定量和计量的灌装设备。

2.3.3 液化石油气场站安全检查要点

① 按设计图检查是否有改建、扩建，站内外安全间距是否符合规范要求。

② 储罐使用年限，储罐年检报告，储罐液位计应有高、低位报警装置并应有明显标志。

③ 储罐液相出口管和气相管设置的紧急切断阀采用的气源。站内应有残液罐。

④ 管道是否锈蚀；管道采用法兰或螺纹连接时，在接头处应采用金属导体跨接。

⑤ 汽车槽车装卸管段应有拉断阀；卸气应有静电接地设施。

⑥ 检查钢瓶是否有可识别的标志标识码。实瓶与空瓶应分区存放，不得露天曝晒。

⑦ 检查液化石油气汽化和混气间防火防爆设施、应设有加臭装置。

⑧ 检查燃气浓度检测器、防爆型轴流风机、人体静电消除（人体静电释放仪）装置设置。

⑨ 检查压力容器、安全阀、压力表、防雷防静电年检报告。

⑩ 检查储罐喷淋水装置和消防水系统，应有消防年检报告。检查灭火器材配置及存放。

2.3.4 20 世纪建设的液化石油气供应站

20 世纪 80 年代及 90 年代初建设的液化石油气供应站是按当时行业标准 TJ

28《城市煤气设计规范》（已于1993年作废）进行设计的。有些企业为办好职工福利建有液化石油气供应站，直接由施工单位设计（没有委托有资质的专业设计院设计）安装，当时管理也不太严。按现行国家标准GB 51142《液化石油气供应工程设计规范》的规定进行安全检查时，查出了很多安全隐患，而且有些站相当严重。

（1）主要存在的安全隐患

① 有些站把围墙充当储罐防护堤并与道路相邻；有些储罐距防护堤很近，违规设计和建设，不符合防火间距要求。

② 卧罐基础不是采用钢筋混凝土支座，而是采用的砖头砌筑。发现抹灰层脱落且砖头有风化现象。

③ 用砖头或木头当管道支架。

④ 储罐区防护堤不抹灰、地面不硬化，还有挖水坑放水养鸭的现象。

⑤ 没有设置尽头式消防车道和回车场。

⑥ 有些用深水井作为消防用水，出水量满足不了消防给水要求。

⑦ 管道设备腐蚀严重。

⑧ 有些站的储罐，液相出口管和气相管的气动紧急切断阀不是采用空压机供气或氮气瓶作为气源，而是采用瓶装液化石油气作为气源。

⑨ 有个别站扩大储罐容积，虽储罐总容积未超过规范相对应范围，但储罐之间的净距已小于相邻较大储罐的间距要求。

⑩ 灌瓶间没有倒残架，将残液罐用于储存液化石油气。

⑪ 供应站都已转为民企。由于现城镇基本都使用管道燃气，瓶装液化石油气经营都不好，有个别站一天只灌装钢瓶十多个或二三十个。虽能提供出应有灌装证人数，但一些供应站从事经营管理及灌装的人员只有两位六七十岁的老人。

（2）整改建议

这些站建站近40年，许多站点设备管道虽经检测可用，但早已过报废年限。有些站在建站时储罐与站外建筑、堆场有足够的防火间距，但随着城市建设的发展现已被居民住宅包围，处在居民社区中。为保障生命财产安全和社会稳定，当地燃气主管部门应与规划、安监、住建、公安、消防、市场及城管等部门组成联合调查组进行重点安全检查，并委托有资质的安评单位，按现行国家标准GB 51142《液化石油气供应工程设计规范》、GB 50016《建筑设计防火规范》、《中华人民共和国安全生产法》、《中华人民共和国消防法》、《城镇燃气管理条例》、城镇总体规划及地方相关规定，对这些场站的建站史及设备使用、运营、安全间距、安全管理等进行安全评估。整改后达到GB 51142要求并经有关部门组织专家组验收合格后方可继续运营；对安评不通过的站应拿出处理意见，停业、报废或搬迁，不能让这些站继续带着安全隐患运营。

2.3.5 液化石油气场站安全检查项目及检查内容

液化石油气场站安全检查项目及检查内容见表 2.3；液化石油气瓶装供应站安全检查项目及检查内容见表 2.4。

表 2.3 液化石油气场站安全检查项目及检查内容

单位名称：　　　　　　　　　　　　　　　　　　检查日期：　　年　月　日

序号	检查项目	检查内容	检查情况
1	总平面布置	检查场站的四周实体围墙是否完好，墙上宜设监控报警装置	
		储罐与站外、站内建筑防火间距应符合相关规范规定	
		站内分生产区和辅助区，中间有完好围墙隔开，至少有一个对外出口； 生产区是甲类火灾危险区，应设独立出入口及门卫	
		储罐区防火堤完整且两面抹灰、场地硬化、过梯牢固，水封装置水位正常	
		消防通道平整完好、畅通无阻塞，寒冷地区应设地下消火栓；水池应满水	
		场站内应设置专用卸车或充装场地，装卸处应配有车辆止滑器	
		场站内生产区不得建有地下、半地下建筑物，地面没有违章搭建	
		生产区内严禁种植易造成液化石油气积存的植物	
		应有车辆管理制度，非专用槽车、运瓶车不得驶入生产区	
2	管道、设备	管道表面应无损、外表防腐涂层应完好无腐蚀，管道上应有介质流向标识	
		管道焊接、法兰、丝扣、卡套等连接部位严密无泄漏	
		阀门应定期检查，无损坏，启闭灵活，无泄漏	
		储罐区应有残液罐，残液罐不得储存液化石油气	
		液化石油气储罐应定期检查合格使用，在使用期内要完好、无腐蚀、无泄漏	
		储罐液相、气相出口管的紧急切断阀完好无损，动作迅速	
		储罐液位计显示正常、清楚，在液位计上标有最高、最低液位明显标志	
		储罐上梯台完好牢固，有防护栏杆	
		卧罐基础必须是钢筋混凝土，不得用砖砌筑	
		卸气应有拉断阀、静电接地设施	
		灌瓶间、压缩机间、瓶组间、汽化间应设置燃气浓度检测报警器及防爆型轴流风机，并符合规范规定的要求	

续表

序号	检查项目	检查内容	检查情况
		储罐液相出口管和气相出口管设置的紧急切断阀气源应采用氮气，严禁使用瓶装液化石油气作为紧急切断阀的气源	
		管道采用法兰或螺纹连接时，在接头处应采用金属导体跨接	
3	机泵与装卸	压缩机及烃泵运行应平稳，无异响、无振动、无部件过热、无泄漏	
		压缩机及烃泵的转动部件外部装有安全防护罩	
		过滤器前后压差正常，能良好排污和方便清洗	
		槽车装卸前后应对装卸设备、管路、阀门、仪表、连接软管等检查无误后进行装卸。装卸后再做检查，确认无异常无泄漏后，断开连接，槽车驶离	
		装卸柱接地装置完好无腐蚀，接地电阻符合规定，并能与槽车可靠连接	
		装卸连接软管应完好无损，有定期检查和维护记录	
		场站内液化石油气储罐和运输槽车的充装量，不得超过容积的90%	
		汽车槽车装卸管段应设有拉断阀	
		卸气处应有静电接地线	
4	灌装	灌装前对钢瓶应进行安全检查，钢瓶上必须设置可识别的标志标识码，对无标志标识码、非法制造、外表有损伤、腐蚀、变形、超过检查周期、报废、新投用而未置换或抽真空的钢瓶不得灌装	
		钢瓶不得超年限使用(钢瓶使用年限为15年)或年检超期	
		充装的钢瓶瓶体上应有下次检验日期，有警示标签和充装企业标识	
		钢瓶灌装前、灌装后均应进行泄漏检查，出站实瓶要确保无泄漏	
		灌瓶间应设置倒残架，应完整好用	
		灌瓶间、机泵房应设置燃气浓度检测器和防爆型轴流风机，两者应联锁	
		在灌瓶间入口处应设置安全有效的人体静电释放仪	
		实瓶与空瓶应分区存放，应有明显标识，不得露天摆放在太阳下曝晒	
		容积大于$10m^3$的液化石油气储罐，不得固定在建筑物内	
5	汽化与混气	汽化和混合器应运行平稳、无异常响声和振动	
		汽化间和混气间无杂物堆放	
		混气装置热值仪及混气比例调节装置运行正常，联动切换灵敏有效	
		汽化间和混气间建筑耐火等级不应低于二级，门窗应向外开；地面层应采用撞击时不产生火花的材料	
		汽化间和混气间应设置燃气浓度检测器和防爆型轴流风机，两者应联锁	
		应设置加臭装置	
		汽化间和混气间应按规定配置干粉灭火器	

续表

序号	检查项目	检查内容	检查情况
6	安全设施	应建立健全各项规章制度，各岗位员工应经安全教育培训持证上岗	
		压力表应在检定有效期内，检定标签应粘在表壳上，检定铅封完好。在最高允许工作压力位置应采用红色标记	
		仪表及控制系统应稳定显示、累计和记录正常、报警和联锁系统可靠	
		设置的泄漏报警装置应集中设置在值班室，并应有泄漏报警远传系统	
		安全阀应定期检定，每年至少一次，检定铅封完好；安全阀与保护设备间的阀门应全开	
		压力容器、安全阀、压力表、防雷防静电应进行年检及具有年检报告	
		在生产区不得穿戴易产生火花的衣服和鞋帽	
		储罐实体防护墙内不得设置灌装接口，不得设置其他可燃介质储罐	
		无人值守的Ⅲ类瓶库内存有液化石油气钢瓶时，应设置远程无人值守安全防护系统	
		储罐喷淋水装置和消防水系统应进行操作检查； 灭火器材应按要求配置数量和规范存放，检查灭火器使用是否过期	
		检查是否有安全培训计划，是否有消防演练及演练记录	
		四周围墙上应设有监控报警装置； 入口处应有醒目的“易燃易爆”“严禁烟火”“闲人免进”等防火警示标志及“入站须知”告知牌； 设有值班门卫，定时巡查，门卫应配备阻火器和阻火罩； 站内应至少设置1台直通外线电话	

检查结果：

整改意见：

被检查单位负责人签字：　　　　　　　　　　　　　　　　　　检查人签名：

表2.4　液化石油气瓶装供应站安全检查项目及检查内容

单位名称：　　　　　　　　　　　　　　　　检查日期：　　年　月　日

序号	检查单元	检查内容	检查情况
1	平面布置	供应站应按分类设置不燃烧实体围墙或非实体围墙； 检查站的四周围墙是否完好无破损，墙上宜设监控报警装置	
		供应站瓶库按分类与站外建筑物及道路的防火间距应符合相应规范要求； 与相邻房间不得开门、开窗，相邻房间应是非明火、非散发火花地点	
		供应站内钢瓶总容积应与供应站级别相符	
		瓶库内应按实瓶和空瓶分区隔开存放，并设有明显标志	
		入口处应有醒目的“易燃易爆”“严禁烟火”“闲人免进”等防火警示标志及“入站须知”告知牌	

续表

序号	检查单元	检查内容	检查情况
2	安全与管理	瓶库应有经过审核验收有经营资质手续	
		瓶库安全管理制度齐全，库员及送气工应经安全教育培训，具备液化石油气基本知识，经考核持证上岗	
		瓶库内不得存放其他物品及混合经营	
		无标志标识码、超期、有缺陷的钢瓶不得流通使用	
		瓶库耐火等级不应低于二级，门、窗应向外开	
		瓶库实体围墙，墙上应有“易燃易爆”“严禁烟火”“闲人免进”等安全警示标志及“入站须知”	
		瓶库地面应采用撞击时不产生火花地面；库内不得设置办公室或休息室	
		瓶库内照明灯具、开关及其他电气设备应采用防爆型	
		瓶库内应配置燃气泄漏报警装置，并应能远传至值班室	
		无人值守Ⅲ类瓶库内存有 LPG 钢瓶，应设置远程无人值守安全防护系统	
		每天按时巡检记录，若周边对供应站安全有影响的现象应记录并制止； 站内应设置 1 台直通外线电话	

检查结果：

整改意见：

被检查单位负责人签字：　　　　　　　　　　　　　　　　检查人签名：

2.4 天然气场站

2.4.1 天然气场站及功能

天然气有管道天然气、压缩天然气、液化天然气。根据工况不同天然气场站有：管道天然气计量站、门站和储配站，压缩天然气供应站、液化天然气供气站等。各场站的主要功能如下。

（1）管道天然气场站

管道天然气是从气源厂通过输气管道长距离输送至下游城镇天然气门站和储配站，经计量、调压、加臭后进入城镇输配管网。天然气计量有的单独设站计量，有的将计量设置在门站或储配站内。管道天然气有门站和储配站。

① 调压计量站　是指以调节天然气管道压力和计量天然气流量的场站。其

作用是接收上游输气管道来气、向门站或储配站传输天然气、调节输气压力、计算输入气量，有时还具有分离气体中所携带的液滴和粉尘等机械杂质、接收和发送清管器、必要时对天然气进行加臭等功能。

② 门站和储配站　是接收调压计量站输入的天然气，进行除尘、过滤、计量、调压或加压、储存、加臭、配气和气质检测并送入城镇天然气输配管道的场站。有时在站内还设有清管器。

（2）压缩天然气供应站

压缩天然气是指天然气压缩到压力大于或等于10MPa且不大于25MPa的气态天然气。压缩天然气供应站包括：压缩天然气加气站、压缩天然气储配站、压缩天然气瓶组供气站。

① 压缩天然气加气站　是由高、中压输气管道或气田的集气处理站等引入天然气，经净化、计量、压缩并向气瓶车或气瓶组充装压缩天然气的场站。

② 压缩天然气储配站　是用压缩天然气瓶车储气，或将由管道引入的天然气经净化、压缩形成的压缩天然气作为气源，对压缩天然气进行储存、卸气、调压、加热、计量、加臭，并送入城镇燃气输配管道输送天然气的场站。

③ 压缩天然气瓶组供气站　是采用压缩天然气瓶组储气作为气源，对压缩天然气进行储存、调压、计量、加臭，并向城镇燃气输配管道输送天然气的场站。

（3）液化天然气供气站

液化天然气通过运输槽车、小型运输船、气瓶组运输到不同类型的液化天然气供气站，经卸液、储存、汽化、调压、加臭等工艺后，通过天然气输配管道供给居民、商业、工业企业作燃料使用。液化天然气供气站也可以作为城镇燃气调峰供气站。

液化天然气供气站可分为液化天然气汽化站、液化天然气瓶组汽化站。

① 液化天然气汽化站　是利用液化天然气储罐作为储气设施，具有接收、储存、汽化、调压、计量、加臭功能，并向城镇燃气输配管道输送天然气的专门场站，又称为液化天然气卫星站。

② 液化天然气瓶组汽化站　是利用液化天然气瓶组作为储气设施，具有储存、汽化、调压、计量、加臭功能，并向用户供气的专门场站。

2.4.2 天然气场站主要设施

天然气场站主要设施有：天然气储罐、压缩机、加气机、卸气柱、液化天然气装卸、调压及加臭装置。

（1）管道天然气储气

管道天然气输送到场站后，在场站内将天然气储存。天然气储存有：球罐储存和圆筒形卧罐储存。

① 球罐　以支柱支撑的钢制球形储气罐，常用的结构形式为橘瓣式或混合式。

② 卧罐　水平放置于鞍形支座上的圆筒形储气罐。

（2）压缩天然气储气

压缩天然气储气可分为压缩天然气瓶组储气、压缩天然气储气井储气。

① 压缩天然气瓶组储气　通过管道将多个压缩天然气储气瓶连接成一个整体并固定在瓶筐上，设有压缩天然气加（卸）气接口、安全防护、安全放散等设施，用于储存压缩天然气装置，简称储气瓶组。储气瓶组是在压缩天然气供应站内地上固定设置，所以又称固定储气瓶组。

储存压缩天然气的储气瓶有小瓶、大瓶。公称容积小于 80 L 的储气瓶为小瓶，一般以 20～60 只为一组，每组公称容积为 1.0～4.8m^3；公称容积 500～1750 L 储气瓶称为大瓶，一般以 3、6、9 只为一组，每组公称容积可为 1.5～16.0m^3。

② 压缩天然气储气井储气　压缩天然气供应站内竖向埋设于地下，且设有压缩天然气加（卸）气接口、安全防护、安全放散等设施，用于储存压缩天然气的管状专用设备，简称储气井；储气井埋地深度一般在 100～200m，设计水容积为 1～10m^3（常用储气井水容积为 2m^3、3m^3、4m^3）。储气井比地上固定储气瓶组安全。

（3）液化天然气储罐

具有耐低温和隔热性能，用于储存液化天然气的容器罐体。

储存液化天然气储罐常用的有：球形储罐、圆柱（筒）形储罐、立式圆柱（筒）平底拱盖储罐等。

① 球形储罐　储存液化天然气的球形储罐是两个内外球状罐，在工作状态下，内罐为内压容器，外罐为真空外压容器，简称液化天然气球罐。内外球的夹层通常采用真空粉末绝热。

② 圆柱形储罐　储存液化天然气的圆柱形储罐按结构有立式圆柱形储罐（简称立式储罐，又称立罐）、卧式圆柱形储罐（简称卧式储罐，又称卧罐）、立式圆柱形子母储罐（简称子母罐）。

③ 立式圆柱平底拱盖储罐　按储气压力分为常压储罐、压力储罐；按结构分为单容积式储罐、双容积式储罐、全容积式储罐；按不同设置方式分为地上储罐、半地下储罐、地下储罐。

（4）压缩机

是将压力较低的天然气加压到所需的较高压力。用于天然气加压的压缩机有：往复活塞式压缩机、离心式压缩机、轴流式压缩机、回转式压缩机。

（5）加气柱、卸气柱

由快装接头、加气卸气软管、切断阀、放空系统、流量计等组成，具有为车载储气瓶加气或卸气功能的专用设备。

（6）液化天然气装卸

液化天然气装卸包括：装卸台、装卸鹤管、装卸臂。

① 装卸台　由工艺管道、装卸鹤管或高压胶管、快装接头等组成，具有为汽车槽车进行装卸液化天然气的专用操作平台。

② 装卸鹤管　将旋转接头与刚性管道及弯头连接的装卸鹤管，实现液化天然气火车槽车或汽车槽车与栈桥储运管线之间传输液化天然气介质的专用设备。

③ 装卸臂　由柱体、装卸鹤管等组成，可以自由转向、伸缩的用于装卸液化天然气的专用设备。

（7）调压装置

是将高压天然气降压至所需较低压力的装置，包括调压器及附属设备。

（8）计量表

测定和记录管道中的通过量。计量燃气的装置称燃气流量计或燃气表，用以累计通过管道的燃气的体积或质量。

（9）加臭装置

加臭装置，是利用加臭机的电磁阀将加臭剂均匀、按比例添加到燃气管道中的安全设备。

2.4.3 天然气场站安全检查要点

（1）气态天然气场站

① 气态天然气场站是指天然气计量站、计量调压站、天然气门站及储配站。一般门站及储配站有天然气计量、储存、调压和加臭等功能。

② 检查应有证照，按设计图是否有改建、扩建；储气罐使用年限、年检报告是否在年检规定有效期内，是否超期或使用报废罐。

③ 检查储气罐及管道安全阀、设备及工艺管道防雷防静电装置是否年检及配有年检报告。

④ 检查可燃气体浓度报警装置、加臭装置。

⑤ 检查储气罐及工艺设备防雷、防静电接地装置及年检报告。

⑥ 检查消防系统。

（2）压缩天然气供应站

① 根据现行国家标准 GB 51102《压缩天然气供应站设计规范》的有关规定，在城市中心城区不应建设一级、二级、三级压缩天然气供应站及其与各级液化石油气混气站的合建站，不应建设四级、五级压缩天然气供应站与六级及以上液化石油气混气站的合建站。城市建成区不宜建设一级压缩天然气供应站及其与各级液化石油气混气站的合建站。

② 应按生产区和辅助区分区布置。

③ 气瓶应具有可追溯性，所充装的合格气瓶上应粘贴规范明显的警示标签和充装标签。

④ 全站紧急切断启动装置应在控制室、加气柱、卸气柱设置。

⑤ 压缩机的紧急停车启动装置应设置在机组近旁。

⑥ 站内压力容器、安全阀、压力表、防雷及静电接地应定期检测及配有检测报告。

⑦ 在生产场所，尤其压缩机室门口应设有触摸式人体静电释放仪。

（3）液化天然气供气站

① 液化天然气储罐不应固定安装在建筑物内，液化天然气钢瓶也不得存放在建筑物内。

② 液化天然气卸气应设置拉断阀，储罐进出液管应设置紧急切断阀，并与储罐液位联锁。

③ 储罐应设置两个液位计，并应设置液位上、下限报警和联锁装置。有高压报警显示器。

④ 检查安全阀设置及有爆炸危险场所燃气浓度检测报警器。

⑤ 站内储罐液位上下限报警器、高压报警器、温度监测器、低温检测报警器、燃气浓度检测报警器、密度监测装置等，应设置在值班室或仪表室等有值班人员的场所。

⑥ 储气罐及工艺设备必须设防雷静电接地装置。应有安全阀、压力表、防雷防静电年检报告。

⑦ 检查加臭装置。

⑧ 检查消防系统，在寒冷地区的消防水池应有防冻措施。

⑨ 检查灌瓶台是否有静电释放仪。

2.4.4 天然气场站安全检查项目及检查内容

天然气场站主要是指天然气门站和天然气储配站。

天然气场站安全检查项目及检查内容见表2.5。

表2.5 天然气场站安全检查项目及检查内容

单位名称： 检查日期： 年 月 日

序号	检查项目	检查内容	检查结果
1	站址	站址应符合城镇总体规划要求	
		工艺装置与站外建、构筑物的防火间距应符合相关规范的规定	
		站址选择应结合输气管线确定	
		站前交通应畅通无堵，满足运输、消防、救护、疏散等要求	
2	总平面布置	检查场站的四周实体围墙是否完好，墙上宜设监控报警装置	
		工艺装置与站内建、构筑物的防火间距应符合相关规范的规定	
		站内应无违章搭建现象	
		站内总平面布置应分生产区和辅助区	
		站内建筑物的耐火等级不应低于二级	
		消防通道畅通无堵，道路两侧无妨碍消防作业管道、树木及构筑物	
		站内道路应平坦硬化，排水良好，跨越道路管线高度应符合规范要求	
		临近道路路边的管道和设备应设有防撞装置或安全防护措施	
3	工艺设备	站内工艺管道应采用钢管	
		进出站管线应设置切断阀门和绝缘法兰	
		站内管道上应根据系统要求设置安全保护和放散装置	
		压力容器应定期检验，检验合格后方可继续使用	
		站内设备、仪表、管道等安装的水平间距和标高均应便于观察、操作和维修	
		液化天然气常压储罐应设密度监测装置	
		储罐应设液位上、下限报警器、高压报警器、温度监测器、低温检测报警器、燃气浓度检测报警器等。所有报警器、监测器应设置在值班室或仪表室等有值班人员的场所。 液化天然气汽化器的液体进口管道上应设置紧急切断阀，该阀门应与天然气出口的测温装置联锁	
		液化天然气汽化器或出口管道上应设置安全阀	
		液化天然气汽化器的液体进口管道上应设置紧急切断阀，该阀门应与天然气出口的测温装置联锁	
		液化天然气汽化器和天然气气体加热器的天然气出口应设置测温装置，并应与相关阀门联锁；热媒的进口应设置能遥控和就地控制阀门	
		液化天然气管道上的两个切断阀之间应设置安全阀	
		站内应设置事故切断系统，一旦发生事故能切断气源以防事故扩大	
		过滤器应定期排污和清洗	

续表

序号	检查项目	检查内容	检查结果
		流量计应完好无损、运行平稳、计量准确,并定期检验合格使用	
		调压装置应无腐蚀,运行平稳、无喘息、无压力跳动和泄漏现象	
		超压自动切换系统应启动压力准确、动作迅速、运行正常可靠	
		调压柜(箱)以及调压器应安装稳固、无倾斜、无晃动	
		应有供气单位出具的燃气质量合格证	
		站内应设置加臭装置,加臭装置完好,加臭剂量应符合规范要求	
4	管道及附件	管道应完好无损,无腐蚀	
		管道上应按管内输送物料涂有不同色环和介质流向标色	
		管道法兰、卡套、丝扣连接部位应密封完好,无泄漏	
		管道法兰连接处,当连接螺栓少于5根时,应采用金属线跨接	
		管道和设备上阀门应定期维护,保持阀门启闭灵活	
		安全阀应每年检验	
		冬季最低温度低于0℃的场站,室外供水及消防水栓应进行防冻保温	
5	压缩机	压缩机室、调压计量室等具有爆炸危险的生产用房,应符合甲类生产厂房的规范规定,耐火等级不应低于二级	
		压缩机宜按独立机组配置进、出气管及阀门、旁通、冷却器、安全放散、供电和供水等各辅助设施	
		压缩机的进、出气管道宜采用地下直埋或管沟敷设,并宜采取减振减噪措施	
		管道应设有能满足投产置换、正常维修和安全保护所必需的附属设备	
		压缩机及其附属设备宜采取单排布置	
		压缩机室应根据设备情况设置检修用的起吊设备	
		压缩机组前应设有紧急停车按钮	
6	变配电及防雷、防静电	站内供电系统应符合有关规范“二级负荷”供电规定	
		在爆炸危险场所的电力装置,按有关规范规定应选用防爆型	
		有爆炸危险的厂房和装置区内应设燃气检测报警装置	
		当检测比空气轻的燃气时,燃气检测报警器与阀门的水平距离不得大于8.0m,安装高度应距顶棚0.3m以内	
		可燃气体浓度报警装置设定值应小于或等于20%(体积分数)爆炸下限; 可燃气体检测报警信号应安装在有人值班的控制室或操作室	
		压缩机室、调压计量室等具有爆炸危险的生产用房应有防雷接地设施	
		门站和储配站的静电接地应符合有规范的规定	

续表

序号	检查项目	检查内容	检查结果
		防雷和防静电应每年检验一次，对爆炸危险环境场所的防雷装置应半年检测一次，并有检验报告	
		变配电室的耐火等级不应低于二级，门窗应向外开启； 变配电室和控制室应设置应急照明； 变配电室内不应有无关的管道和线路通过； 变配电室应设置防雨雪、蛇、鼠等小动物从采光、通风窗、门、电缆沟等处进入室内的防护设施	
		电缆敷设不得存在绞拧、铠装压扁、护层断裂和表面有划伤等缺陷； 电缆沟上应有完好的盖板盖住，电线不得裸露	
		配电柜、控制柜（台、箱）、配电箱（盘）上的标识器件应标明被控设备编号及名称或操作位置，接线端应有编号，清晰、工整不脱色	
		电缆进入建筑物、穿楼板及墙壁处应设套管保护	
7	仪表及自动化	压力表外观应完好无损，应在检验期内使用，有检验报告； 应在最高允许工作压力位置用红线标记； 检验标签应贴在表壳上，并注明下次检验时间； 压力表与设备之间的阀门应全开	
		安全阀外观良好无损，应在检验期内使用，有检验报告； 阀体上应悬挂检验铭牌，并注明下次检验时间； 检验铅封应完好，安全阀与设备之间的阀门应全开	
		仪表及控制系统应运行稳定，显示、累加和记录功能正常； 报警和联锁系统可靠	
8	消防	门站根据工艺装置应按相关规范要求设或不设消防给水系统； 门站内灭火器材配置区域及配置数量应符合有关规范规定	
		灭火器应设置在位置明显和便于取用地点，且不影响安全疏散； 灭火器摆放应稳固、铭牌向外，灭火器不得上锁	
9	安全设施	现场操作人员应按规定配备并正确穿戴防静电服装和鞋、帽	
		应在出入口醒目位置处设有“易燃易爆”“严禁烟火”“闲人免进”等防火警示标志及“入站须知”告知牌； 门卫及负有安全检查职责的人员应严格执行场站禁止烟火制度	
		生产区在正常情况下应禁止车辆进出，车辆需进入时应安装阻火器	
		场站内应配备必要的应急救援器材，各种应急救援器材应定期检查，要保证完好有效； 现场工作人员应熟悉各种应急救援器材放置位置和使用方法	
		安全消防组织机构、安全生产管理及岗位操作规程等应张贴上墙	
		应建立生产岗位和设备定时巡检制度，要有巡检记录	
		重要部位应有照明设施	

续表

序号	检查项目	检查内容	检查结果
		瓶装台处应有静电释放仪	
		固定停车位卸气端有否车挡或护栏，在卸气处为防止卸气槽车溜车，应设有止滑器	
		站内应至少设置1台直通外线电话	

检查结果：

整改意见：

被检查单位负责人签字：　　　　　　　　　　　　　　　　　　　　检查人签名：

2.4.5 城镇燃气安全检查项目及检查内容

对于参加安全检查的人员，安全检查前应进行培训。安全检查就是针对燃气生产、储存、输送、使用过程，存在设备年久失修、管理缺乏责任心、使用不当或疏忽大意等安全隐患而组织的安全大排查。对查出的结果应限期进行整改，确保燃气供应、燃气使用安全。

在燃气安全检查前还应明确被检查单位场站内燃气装置的设置、主要设施及功能、检查要点，然后才能根据检查项目及检查内容给出准确的检查结果，最后提出整改意见。

安全检查应按被查燃气企业、用户的不同燃气装置，选用相应检查表。在使用检查时，燃气主管及相关部门或燃气安全检查组可根据安全检查实际情况进行调整。表中应填写被检查单位、单位负责人、检查人、检查日期。

第3章
调压装置安全检查及整改

3.1 调压装置及设置

3.1.1 调压装置功能及调压装置类型

调压装置是由调压器及其附属设备组成的，将城镇燃气输配系统中不同压力级别管道之间较高燃气压力降至所需的较低压力的设备单元总称。自然条件和周围环境许可时，调压装置宜露天设置，但周围宜设围墙或护栏、车挡安全防护设施。

调压装置有调压站（含调压柜）、调压箱（或柜）。调压站：将调压装置和计量装置放置于专用的调压建筑物或构筑物中，承担用气压力的调节，包括调压装置及调压室的建筑物或构筑物等。调压箱：将调压装置放置于专用箱体，设于用气建筑物附近，承担用气压力的调节，包括调压装置和箱体。悬挂式和地下式箱体称为调压箱，落地式箱称为调压柜。另外还有安装在调压站出口管线上的安全水封，当压力超出允许范围时能自动放散燃气。

3.1.2 调压装置设置及调压器

（1）调压装置设置

独立的调压站或露天调压装置的最小保护范围必须符合现行国家标准 GB 55009《燃气工程项目规范》及 GB 50028《城镇燃气设计规范（2020 版）》的有

关规定。

进口压力为次高压及以上的区域调压装置应设置在室外独立的区域、单独的建筑物或箱体内，即宜设置调压站。

调压柜有设置在地上单独的调压柜（落地式）。

调压箱有设置在地上单独的调压箱（悬挂式）、有设置在地下单独的调压箱。

（2）调压器

是自动调节燃气出口压力，使其稳定在某一压力范围内的装置。调压器有直接作用调压器和间接作用调压器。直接作用调压器：利用出口压力的变化，直接控制驱动器带动调节元件的调压器。间接作用调压器：通过检测燃气出口压力的变化使操纵机构动作并接通外部能源或被调介质进行压力调节的调压器。另在直接作用调压器中，设有实现压力自动调节操纵机构的指挥器。

3.2 安全检查要点及检查内容

3.2.1 调压装置安全检查要点

调压装置的安全检查，是对调压站、调压柜及调压箱、商业或工业企业专用调压装置、调压器的安全检查。

（1）调压站安全检查要点

调压站有地上调压站和地下调压站。调压器的燃气进、出口管道之间应设旁通管，用户调压箱（悬挂式）可不设旁通管。

① 地上调压站：建筑耐火等级不应低于二级；门、窗应向外开启；调压室内电气、照明应是防爆型；无人值守调压站应设安全监控设施；调压室应有泄压措施；在调压器燃气出口处的管道上应设防止燃气出口压力过高的安全保护装置。

② 地下调压站：调压室宜采用混凝土整体浇筑结构，必须采取防水措施，寒冷地区还应采取防寒措施；调压室内的电气、照明应是防爆型，室应设有机械通风设施；无人值守调压站应设安全监控设施，如采用高架遥控天线；调压站应单独设置避雷装置；站的地面上应设防护围墙；散管管口设置位置及高度应符合规范要求；在调压器燃气出口处的管道上应设防止燃气出口压力过高的安全保护装置。

（2）调压柜、调压箱安全检查要点

液化石油气调压装置不得设置在地下室、半地下室和地下单独箱体内。设置在露天的调压装置是否设置围墙、护栏或车挡。调压柜和地上调压箱四周应设防护栏。悬挂式调压箱应设有安全防撞措施。在调压柜柜体上或调压箱箱体上，应在明显位置处写上“燃气设施，请安全保护”。

（3）商业或工业企业专用调压装置安全检查要点

商业或工业企业专用调压装置要有连续通风装置、要有燃气浓度检测监控仪表及声光报警装置。室内电气、照明应是防爆型，调压装置应设有超压自动切断保护装置。设置调压装置的建筑物与相邻建筑物应用无门窗和洞口的防火墙隔开，应通风良好。房间内应设燃气浓度检测监控仪表及声、光报警装置。该装置应与通风设施和紧急切断阀联锁，将信号引入该建筑物监控室。调压装置可设置在用气建筑物的平屋顶上，四周应设不燃护栏。调压站内采用燃气锅炉采暖调压装置时，严禁采用明火采暖。

（4）调压器安全检查要点

设置调压装置的环境温度应保证调压装置活动部件能正常工作，对湿燃气环境温度不应低于0℃；液化石油气环境温度不应低于其露点温度。

调压器选择应能满足进口燃气的最高、最低压力要求。

（5）调压站巡检安全检查要点

调压站（包括调压柜、调压箱）应有巡检制度。

查站内有无存放易燃易爆物品及其他物品。

每天应按巡检内容定时巡检，并做好每次巡检记录。

重点检查调压装置安全间距及安全设施等问题隐患。

3.2.2 调压装置安全检查项目及检查内容

调压装置安全检查项目及检查内容见表3.1。中中调压站、中低调压站安全检查项目及检查内容见表3.2。

表3.1 调压装置安全检查项目及检查内容

单位名称：　　　　　　　　　　　　　　　　　　检查日期：　　年　月　日

序号	检查项目	检查内容	检查结果
1	调压装置	露天设置的调压装置，四周应设有安全防护设施	
		地上单独调压箱（悬挂式）对居民和商业用户燃气进口压力不应大于0.4MPa；对工业用户（包括锅炉房）燃气进口压力不应大于0.8MPa	
		地上单独调压柜（落地式）对居民、商业用户和对工业用户（包括锅炉房）燃气进口压力不宜大于1.6MPa	
		液化石油气和相对密度大于0.75的燃气的调压装置不得设于地下室、半地下室内和地下单独的箱体内	

续表

序号	检查项目	检查内容	检查结果
2	专用调压装置	商业用户专用调压装置进口压力不大于0.4MPa、工业用户（含锅炉）专用调压装置进口压力不大于0.8MPa时，可设置在单层毗邻建筑物内； 该建筑物与相邻建筑物应用无门窗和洞口防火墙隔开； 该建筑物与其他建、构筑物水平净距应符合现行规范的规定； 该建筑物耐火等级不应低于二级，应具有轻型结构屋顶爆炸卸压口及向外开启的门窗； 室内电气、照明装置为防爆型； 室内通风换气次数每小时不少于2次； 地面应采用撞击时不会产生火花的材料	
		当调压装置进口压力不大于0.2MPa时，可设置在公共建筑顶层的房间内，但应符合下列要求： 房间应靠近建筑外墙，不应布置在人员密集房间的上面或贴邻； 房间应设有连续通风装置，并保证通风换气次数每小时不少于3次； 房间内应设置燃气浓度检测监控仪表及声、光报警装置，该装置应与通风设施和紧急切断阀联锁，并将信号引入该建筑物监控室； 调压装置应设有超压自动切换保护装置； 室外进口管道应设有阀门，并能在地面操作	
		当调压装置进口压力不大于0.4MPa时，且调压器进出口管径不大于DN100时，可设置在建筑物的平顶上； 屋顶应允许承重，且该建筑物耐火等级不应低于二级； 建筑物应有通向屋顶的楼梯； 调压柜、箱与建筑物烟囱的水平净距不应小于5m	
		当调压装置进口压力不大于0.4MPa时，可设置在生产车间或锅炉房和其他工业生产用气房间内，或当调压装置进口压力不大于0.8MPa时，可设置在独立、单层建筑的生产车间或锅炉房内，但应符合下列规定： 该建筑物耐火等级不应低于二级，应具有轻型结构屋顶爆炸卸压口及向外开启的门窗； 室内通风换气次数每小时不少于2次； 调压器进出口管径不应大于DN80； 调压装置宜设不燃烧护栏； 调压装置除在室内设进口阀门外，还应在室外引入管上设置阀门	
		调压装置的噪声应符合国家标准有关规定	

续表

序号	检查项目	检查内容	检查结果
3	调压站	调压器的燃气进、出口管道之间应设旁通管,用户使用的悬挂式调压箱可不设旁通管	
		高压和次高压燃气调压站室外进、出口管道上必须设置阀门	
		中压燃气调压站室外进口管道上,应设置阀门	
		调压站室外进、出口管道上阀门距调压站的距离规定如下: 地上单独设置不宜小于10m,当为毗邻建筑物时,不宜小于5m; 调压柜不宜小于5m; 露天设置的调压装置不宜小于10m; 通向调压站的支管阀门距调压站小于100m,室外支管阀门与调压站进口阀门可合为一个	
		调压器燃气入口处应设有过滤器	
		调压器燃气入口(或出口)处,应设有防止燃气出口压力过高的安全保护装置(当调压器本身带有安全保护装置时可不设)	
		调压器安全保护装置宜选人工复位型	
		调压站放散管管口应高出其屋檐1.0m以上; 调压柜的安全放散管管口距地面的高度不应小于4m;设置在建筑物墙上的调压箱的安全放散管管口应高出该建筑物屋檐1.0m; 地下调压站和地下调压箱的安全放散管管口也应按地上调压柜安全放散管管口的规定设置	
		站内调压器及过滤器前后均应设置指示式压力表,调压器后应设置自动记录式压力仪表	
		地上调压站建筑耐火等级不应低于二级; 调压室与毗邻房间之间应用实体墙隔开; 调压室应采取自然通风措施,换气次数每小时不小于2次; 室内地面应采用撞击时不会发生火花的材料; 调压室应采用轻质屋面板、轻质墙体和易于泄压的门、窗等的泄压设施; 调压室的门、窗应向外开启,窗应设防护栏和防护网; 重要调压站宜设保护围墙; 设于空旷地带调压站或采用高架遥测天线的调压站应单独设置避雷装置	
		站内调压室可设在燃气采暖锅炉毗邻的房间内,但门窗不得设在同一侧; 采暖锅炉宜采用热水循环式;烟囱与燃气放散管出口水平距离应大于5m; 燃气采暖锅炉应有熄火保护装置或设专人值班管理	
		地下调压站室内建筑物净高不应低于2m; 调压室宜采用混凝土整体(包括调压室顶盖)浇筑结构,顶盖上必须设置两个呈对角位置的人孔,孔盖应能防止地表水浸入; 调压室必须采取防水措施,在寒冷地区还应采取防寒措施; 室内地面应采用撞击时不会发生火花的材料,并在地坪设置集水坑; 调压器及其附属设备必须接地	
		噪声应符合国家标准有关规定	

续表

序号	检查项目	检查内容	检查结果
4	调压柜（落地式）	应单独设置在牢固的基础上，柜底距地坪高度宜为0.3m	
		与建、构筑物的水平净距必须符合现行规范的规定	
		体积大于1.5m^3的调压柜，在盖上应设有爆炸泄压口	
		柜上应按国家规范要求设有自然通风口，调压柜四周宜设防护栏	
		调压柜的安装位置应不被碰撞，开柜作业时不影响交通	
		安全放散管管口距地面高度不应小于4m；设置在墙上的调压箱安全放散管管口应高出该建筑物屋檐1.0m	
		噪声应符合国家标准有关规定	
		箱体上应写有“燃气设施请安全保护”警示语	
5	调压箱（悬挂式）	箱底距地坪高度宜为1.0～1.2m，可安装在用气建筑物的外墙壁上或悬挂于专用支架上；安装在用气建筑物的外墙上时，进出口管径不宜大于DN50	
		调压箱到建筑物的门、窗或其他通向室内孔槽的水平应符合国家规范规定	
		调压箱不应安装在建筑物窗下或阳台下的墙上及室内通风机进风口墙上	
		安装调压箱的墙体应为永久性实体墙，其建筑物耐火等级不应低于二级	
		调压箱上应有自然通风口，并宜设防撞设施，开箱作业时不影响交通	
		噪声应符合国家标准有关规定	
		箱体上应写有“燃气设施请安全保护”警示语	
6	地下调压箱	不宜设置在城镇道路下，与其他建筑物的水平净距应符合国家规范规定	
		箱上应按国家规范要求设有自然通风口，调压柜四周宜设防护栏	
		安装地下调压箱的位置应能满足调压器安全装置的安装要求	
		应方便检修	
		应做防腐保护	
		安全放散管管口距地面高度不应小于4m；设置在墙上的调压箱安全放散管管口应高出该建筑物屋檐1.0m	
		应在地下调压箱地面四周设置围栏，并设置此地下有燃气设施标志	
7	调压器	设置调压器场所环境温度，当输送干燃气无采暖时，其环境温度应能保证调压器正常工作；当输送湿燃气时，无防冻措施的调压器的环境温度应大于0℃。当输送液化石油气时其环境温度应大于液化石油气的露点	
		调压器应能满足进口燃气的最高、最低压力要求	
		调压器压力差，应根据调压器前燃气管道的最低设计压力与调压器后燃气管道的最低设计压力之差值确定	
		调压器计算流量，应根据调压器所承担管网小时最大输送量的1.2倍确定	

续表

序号	检查项目	检查内容	检查结果
8	巡检	调压站(包括调压柜、调压箱)应有操作规程、巡检制度	
		应定时巡检,有巡检记录	
		应按规定配备干粉灭火器材,按期检查、安全存放; 应安装视频监控和周界报警设施	

检查结果:

整改意见:

被检查单位负责人签字: 检查人签名:

表 3.2 中中调压站、中低调压站安全检查项目及检查内容

单位名称: 检查日期: 年 月 日

序号	检查项目	检查内容	检查结果
1	管道	无腐蚀,各类管道色标正确;管道上应标有燃气流向标志	
		管道法兰应跨接完好	
		应有地下监检记录	
		应有隐蔽、支撑部位检查记录	
2	绝缘接头	应无损,绝缘良好	
		应定期检查,有检查记录	
3	阀门	阀门应完好无损、无锈蚀	
		应有专人负责、定置管理	
		阀门运行状态标志正确	
		阀门应开启灵活、无泄漏	
		阀门应定期保养及性能检查,有运行记录	
		管道安全阀应定期检验	
4	过滤器	过滤器完好,进、出口压力正常	
		应有差压计检查记录	
		应有运行记录、维修记录	
		应定期排污	
5	调压、计量	应无破损、无腐蚀、无泄漏	
		现场显示值应与监控值一致	
		监控装置运行正常,调压出口压力符合设定值	
		超压切断阀完好、灵活启闭,有检查记录	
		计量系统运行正常,计量准确	
		流量计应定期维护,应有定期检验记录	

续表

序号	检查项目	检查内容	检查结果
6	仪器、仪表	应完好无破损、无腐蚀、无泄漏	
		自动记录压力、温度、流量计使用正常	
		就地显示进出口压力、温度应与监控示值一致	
7	放散管	放散系统设置安全间距，放散高度应符合规范要求，要保障放散安全	
		安全放散阀应定期检验合格、应有铅封	
		阀门应灵活、应挂牌正确表示阀的开启状态	
		周边应无明显重要建筑物	
		放散口应有防水防堵措施	
8	安全设施	建筑物耐火等级不应低于二级、室内地面应采用撞击时不产生火花的材料	
		门窗应向外开启，室内应通风良好	
		应有安全防护措施，站四周应有安全监视	
		电气应采用防爆型	
		无人值守的调压站应设监控设施，要安排专人定时巡检并做好巡检记录	
		应按规定配置干粉灭火器材，按期检查、安全存放	
		在站的明显处应写有“燃气设施请安全保护”警示语	

检查结果：

整改意见：

被检查单位负责人签字：　　　　　　　　　　　　检查人签名：

第4章

汽车加油加气加氢站安全检查及整改

4.1 汽车加油加气加氢站分类

加油加气加氢站指为机动车加注车用燃料包括汽油、柴油、液化石油气（LPG）、压缩天然气（CNG）、液化天然气（LNG）、氢气和液氢的场所，包括加油站、加气站、加油加气合建站、加油加氢合建站、加气加氢合建站、加油加气加氢合建站。

4.1.1 加油站

指具有储油设施，使用加油机为机动车加注汽油、柴油等车用燃油的场所。

4.1.2 加气站

指具有储气设施，使用加气机为机动车加注车用LPG、CNG或LNG等燃气的场所。

（1）LPG加气站

可为LPG汽车储气瓶充装车用LPG，并可提供其他便利性服务。

（2）CNG 加气站

为 CNG 常规加气站、CNG 加气母站、CNG 加气子站的统称。

① CNG 常规加气站　从站外天然气管道取气，经过工艺处理并增压后，通过加气机给汽车 CNG 储气瓶充装 CNG。

② CNG 加气母站　从站外天然气管道取气，经过工艺处理并增压后，通过加气柱给服务于 CNG 加气子站的 CNG 长管拖车或管束式集装箱充装 CNG。

③ CNG 加气子站　用 CNG 长管拖车或管束式集装箱运进 CNG，通过加气机给汽车 CNG 储气瓶充装 CNG。

（3）LNG 加气站

LNG 加气站有 LNG 加气站、L-CNG 加气站、LNG/L-CNG 加气合建站。

① LNG 加气站　具有 LNG 储存设施，使用 LNG 加气机为 LNG 汽车储气瓶充装车用 LNG。

② L-CNG 加气站　能将 LNG 转化为 CNG，并为 CNG 汽车储气瓶充装 CNG。

③ LNG/L-CNG 加气合建站　具有 LNG 储存设施，使用 LNG 加气机为 LNG 汽车储气瓶充装车用 LNG；又能将 LNG 转化为 CNG，并为 CNG 汽车储气瓶充装 CNG。

(4) LNG 加气站与 CNG 常规加气站合建站、LNG 加气站与 CNG 加气子站合建站

LNG 加气站与 CNG 常规加气站合建站：站内具有 LNG 储存设施，使用 LNG 加气机为 LNG 汽车储气瓶充装车用 LNG；从站外天然气管道取气，经过工艺处理并增压后，通过加气机给汽车 CNG 储气瓶充装 CNG。

LNG 加气站与 CNG 加气子站合建站：站内具有 LNG 储存设施，使用 LNG 加气机为 LNG 汽车储气瓶充装车用 LNG；又有用 CNG 长管拖车或管束式集装箱运进 CNG，通过加气机给汽车 CNG 储气瓶充装 CNG。

4.1.3　加油加气合建站

指具有储油储气设施，既能为机动车加注车用燃油，又能加注车用燃气的场所。

加油加气合建站主要包括加油与 LPG 加气合建站、加油与 CNG 加气合建站、加油与 LNG 加气合建站、加油与 L-CNG 加气合建站、加油与 LNG/L-CNG 加气合建站、加油与 LNG 加气和 CNG 加气合建站。

4.1.4 加氢设施

为加氢工艺设备与管道等系统的总称，包括高压储氢加氢设施、液氢储氢加氢设施、氢燃料储运设施等。

4.1.5 加氢合建站

加氢合建站包括加油加氢合建站、加气加氢合建站、加油加气加氢合建站。

（1）加油加氢合建站

既可为汽车油箱充装汽油或柴油，又可为氢燃料汽车的储氢瓶充装氢气或液氢。

（2）加气加氢合建站

既可为天然气汽车的储气瓶充装压缩天然气或液化天然气，又可为氢燃料汽车的储氢瓶充装氢气或液氢。

（3）加油加气加氢合建站

既可为汽车油箱充装汽油或柴油，又可为天然气汽车的储气瓶充装压缩天然气或液化天然气，还可为氢能汽车的储氢设备充装氢气或液氢。

4.2 汽车加油加气加氢站主要设施

首先检查建站是否有相关建站手续运营资格证，是否合法经营。确定汽车加油加气加氢站建站等级，应符合现行国家标准 GB 50156《汽车加油加气加氢站技术标准》的规定。

在城市中心区不应建一级加油加气加氢站、CNG 加气母站。

4.2.1 加油站主要设施

加油站内主要设施有储油罐、加油机、潜油泵等。

储油罐：应采用埋地卧式油罐，可采用单层钢制油罐、双层钢制油罐或双层玻璃纤维增强塑料油罐，用来储存汽油、柴油。油罐均为地下卧式罐。钢制油罐的设计内压不应低于 0.08MPa。油罐应采用钢制人孔，应设有高液位报警功能的报警装置。

加油机：加油机是带有计量、计价贸易结算的终端设备，用于向燃油汽车油箱充装汽油、柴油。加油机应采用自封式加油枪。可采用一机多油品的加油机。加油软管上宜设安全拉断阀。

潜油泵：是以正压供油的加油机，其底部的供油管道上应设剪切阀。

另外，加油站可采用撬装式加油装置，装置应采用双层钢制油罐。将防火防爆、加油机、自动灭火装置等设备及其配件整体装配于一个钢制撬体的地面加油装置。

4.2.2 加气加氢站主要设施

加气加氢站有 LPG 加气站、CNG 加气站、LNG 加气站、L-CNG 加气站、LNG/L-CNG 加气站、加氢站等。

（1） LPG 加气站

LPG 加气站内主要设施有 LPG 储罐、泵和压缩机、加气机等。

LPG 储罐：为压力容器，设计压力不应小于 1.78MPa。LPG 储罐可采用地上罐或地下罐，均为卧式罐。

泵和压缩机：卸车泵和 LPG 压缩机用于 LPG 卸车，向燃气汽车加气应选用充装泵。

加气机：是带有计量、计价贸易结算的终端设备，用于向燃气汽车储气瓶充装 LPG。

（2） CNG 加气站

CNG 加气站内主要设施有压缩机、CNG 储气瓶组、CNG 固定储气设施、储气井、加气柱、卸气柱、加气机等。

压缩机：是将压力较低的天然气加压到所需的较高压力的设备。用于天然气加压的压缩机有往复活塞式压缩机、离心式压缩机、轴流式压缩机、回转式压缩机。

CNG 储气瓶组：将若干个瓶式压力容器组装在一个撬体上并配置相应的连接管道、阀门、安全附件，用于储存 CNG。

CNG 固定储气设施：安装在固定位置地上或地下的储气瓶连接成一个整体并固定在钢架上，储存较大容积的燃气。在瓶组上设有天然气加（卸）气接口、安全防护、安全放散管及排污设施。

储气井：是竖向埋设于地下，用于储存 CNG 或氢气的管状设施，由井底装置、井筒、内置排液管、井口装置等构成。储气井埋地深度一般在 100～200m，设计水容积为 1～10m^3（常用储气井水容积为 2m^3、3m^3、4m^3）。储气井比地上固定储气瓶组安全。

加气柱、卸气柱：是由快装接头、加气卸气软管、切断阀、放空系统、流量计等组成，具有为车载储气瓶加气或卸气功能的专用设备。为保障加气柱、卸气柱安全，在面对固定停车位一侧应设置防撞桩或防撞栏。

加气机：是用于向燃气汽车储气瓶充装 CNG，并带有计量、计价贸易结算的终端设备。

（3） LNG 和 L-CNG 加气站

LNG 加气站可分为 LNG 加气站、L-CNG 加气站及 LNG/L-CNG 加气站。

LNG 加气站内主要设施有 LNG 储罐、泵、汽化器，如站内设有 CNG 加气，则站内还有压缩机、固定储气瓶组、储气井、加气柱、卸气柱、加气机等。

LNG 储罐：LNG 储罐为低温罐，储罐应采用地下或半地下卧式，并设置在罐池中。罐池应为不燃烧实体防护结构，应能承受所容纳液体的静压及温度变化的影响，且不应渗漏。LNG 储罐设置液位计和高液位报警器，就地有液位计、压力表。

潜液泵：充装 LNG 汽车系统使用的潜液泵宜安装在泵池内。潜液泵罐应设置温度和压力检测仪表。

L-CNG 加气系统应采用柱塞泵输送 LNG。

汽化器：是将低温 LNG 汽化成常温、高压天然气给汽车加气的高压汽化装置。高压汽化器出口设有温度和压力检测仪表，并应与柱塞泵联锁。

LNG 卸车软管用于将 LNG 卸出的操作，为奥氏体不锈钢波纹软管。

加气机：是用于向燃气汽车储气瓶充装 LNG 和 CNG，并带有计量、计价贸易结算的终端设备。

另外有 LNG 橇装加气设备，是将 LNG 储罐、加气机、放空管、泵、汽化器等 LNG 设备全部或部分装配于一个撬体（即刚性底架，可带箱体）上的设备组合体。

（4） 加氢站

加氢站有高压储氢加氢站和液氢储氢加氢站。

加氢站内主要设施有：压缩机、储氢瓶组、氢气储存设施、液氢储罐、加氢机。

压缩机：是用于氢气增压。压缩机进口应设置压力高、低限报警系统，出口应设置压力超高限、温度超高限停机联锁系统。

储氢瓶组：是将若干个瓶式压力容器组装在一个撬体上并配置相应的连接管道、阀门、安全附件，用于储存氢气的装置。

氢气储存设施：是储氢容器和氢气储气井的统称。储氢容器和氢气储气井为压力容器，包括罐式储氢压力容器和瓶式储氢压力容器。氢气储存可选用储氢容器或氢气储气井，单个储氢容器的水容积不应大于 $5m^3$。氢气储存设施应设置压力测量仪表，并应分别在控制室和现场指示压力。

液氢储罐：容器的最低设计金属温度不应高于－253℃，工作压力宜为 0.10～0.98MPa。

加氢机：用于向氢能汽车的储氢设备充装氢气和液氢，并带有控制、计价装置的专用设备，其计量宜采用质量流量计。加氢机应设置脱枪保护装置。加氢软管及软管接头应选用抗腐蚀性能的材料。

4.2.3 加油加气加氢合建站主要设施

加油加气加氢合建站有：加油与 LPG 加气合建站，加油与 CNG 加气合建站，加油与 LNG 加气合建站，加油与 L-CNG 加气合建站，加油与 LNG/L-CNG 加气合建站，加油与 LNG 和 CNG 加气合建站，加油与高压储氢加氢合建站，加油与液氢储氢加氢合建站，CNG 加气与高压储氢或液氢储氢加氢合建站，LNG 加气与高压储氢或液氢储氢加氢合建站，加油、CNG 加气与高压储氢或液氢储氢加氢合建站，加油、LNG 加气与高压储氢或液氢储氢加氢合建站。

各合建站的主要设施可参考本章 4.2.1、4.2.2 中内容。

4.3 汽车加油加气加氢站安全检查要点及检查内容

4.3.1 加油站安全检查要点

① 检查相关证照及员工上岗证。

② 加油站车辆入口和出口应分开设置。加油站三边应设高 2.2m 不燃烧实体围墙，面向车辆入口和出口道路的一侧可设非实体围墙或不设围墙。站内是否有固定停车位，卸油处是否有车挡或护栏。在卸油处为防止卸气车溜车，应设有止滑器。

③ 加油罐不得设置在室内或地下室。

④ 加油加气合建站中，汽油罐和柴油罐应采用双层、卧式埋地设置。单层油罐应设置防渗罐池。

⑤ 埋地油管道埋深不得小于 0.4m，当油管道采用管沟敷设时，管沟必须用中性沙子或细土填满、填实。

⑥ 汽油罐与柴油罐的通气管应分开设置，通气管管口高出地面的高度不应小于 4m。

⑦ 加油机不得设置在室内。加油软管上应设安全拉断阀。采用一机多油品的加油机时，加油机上的放枪位应有各油品的文字标识，加油枪应有颜色标识。

⑧ 加油加气站的汽柴油罐车和LNG罐车卸车场地，应设卸车或卸气时用的防静电接地装置，并应设置能检测跨接线及监视接地装置状态的静电接地仪。

⑨ 站内照明、防雷防静电应符合有关标准要求。

⑩ 撬装式加油装置不得设在室内或其他有气相空间的封闭箱体内，油罐内应安装防爆装置。油罐应设防晒罩棚或采取隔热措施。

⑪ 撬装式加油装置邻近行车道一侧应设防撞设施。

⑫ 自助加油站（区）应明显标示加油车辆引导线，并应在加油站车辆入口和加油岛附近设置醒目的“自助”标识。不宜在同一加油车位上同时设置汽油、柴油两种加油功能。

⑬ 应采用防静电加油枪、键盘或专设消除人体静电装置，并有显著标识。

⑭ 就地应设置紧急停机开关，应标示自助加油操作说明。

⑮ 应按规范规定配置灭火器材、灭火毯和沙子。

4.3.2 加气加氢站安全检查要点

加气站安全检查要点是：检查相关证照及员工上岗证；加气站三边应设高2.2m不燃烧实体围墙，面向车辆入口和出口道路的一侧可设非实体围墙或不设围墙。站内是否有固定停车位，卸气处是否有车挡或护栏。在卸气处为防止卸气车溜车，应设有止滑器。

4.3.2.1 LPG加气站

① 根据设计图检查是否有改建和扩建、LPG储罐检测报告及使用期限。

② 检查储罐安全阀检测报告、放散管管口高度及排污管设置是否符合规定。

③ 储罐必须设置就地指示的液位计、压力表和温度计，以及液位上、下限报警装置。

④ 储罐严禁设置在室内或地下室内，且不应布置在车行道下。

⑤ 地上储罐支座应采用钢筋混凝土支座，在罐组四周设置高度为1m的防护堤，应两面抹灰。

⑥ 检查埋地罐罐顶覆盖厚度（含盖板）不应小于0.5m，周边填充厚度不应小于0.9m。

⑦ 在储罐外的排污管上应设两道切断阀，阀间宜设排污箱。

⑧ LPG卸车宜选用卸车泵或LPG压缩机，向燃气汽车加气应选用充装泵。

⑨ 泵的出口管路上应安装回流阀、止回阀和压力表。

⑩ 连接 LPG 槽车的液相管道和气相管道上应设置安全拉断阀。

⑪ 加气机不得设置在室内。加气机附近应设置防撞柱（栏），高度不应低于 0.5m。

⑫ 应按规定规范配置灭火器材及设置。

4.3.2.2 CNG 加气站

① 天然气进站管道上宜采取调压或限压装置，并在管道上设置紧急切断阀、计量装置。

② 进站天然气硫化氢含量应符合现行国家标准 GB 18047《车用压缩天然气》的有关规定。

③ 压缩机的吸气、排气管道上应设有防振设施。压缩机的卸载排气不应对外放空。

④ 压缩机排出的冷凝液应回收集中处理。

⑤ 加（卸）气设施不得设置在室内。

⑥ 储气瓶（组）的管道接口端不宜朝向办公室、加气岛或邻近的站外建筑物。不可避免时，应设钢筋混凝土实体围墙。

⑦ 站内天然气调压计量、增压、储存、加气各工段，应分段设置切断气源的切断阀。

⑧ 固定储气瓶（组）或储气井与站内汽车通道相邻一侧；加气机、加气柱和卸气柱的车辆通过一侧应设置高度不小于 0.5m 的防撞柱（栏）。

⑨ 站内照明、防雷防静电应符合有关标准要求。

⑩ 站内设备应挂牌管理。工艺管道上应标出物料流向。

⑪ 检查站内燃气浓度检测报警器设置，灭火器材是否按标准配置和存放。

4.3.2.3 LNG 加气站、L-CNG 加气站及 LNG/L-CNG 加气合建站

① 检查相关证照及员工上岗证。

② 加气站三边应设高 2.2m 不燃烧实体围墙，面向车辆入口和出口道路的一侧可设非实体围墙或不设围墙。站内是否有固定停车位，卸气处是否有车挡或护栏。在卸气处为防止卸气车溜车，应设有止滑器。

③ 在城市中心区内，各类 LNG 加气站及加油加气合建站，应采用地下 LNG 储罐或半地下 LNG 储罐，储罐宜选用卧式罐。罐池上方可设置开敞式的罩棚。

④ LNG 储罐四周应设防护堤，堤内不应设置其他可燃液体储罐。

⑤ 与 LNG 储罐连接的 LNG 管道应设置可远程操作的紧急切断阀。

⑥ 连接槽车的卸液管道上应设置切断阀和止回阀，气相管道上应设置切

断阀。

⑦ LNG 储罐应设置液位计和高液位报警器，高压汽化器出口应设置温度和压力检测仪表。

⑧ 高压汽化器出口设有温度和压力检测仪表，并应与柱塞泵联锁。

⑨ LNG 加气机不得设置在室内。加气机加气软管应设安全拉断阀，附近应设防撞柱（栏）。

⑩ 加气站内应设集中放空管。

⑪ 应建立健全压力容器安全管理制度，应有压力容器安全操作规程。

⑫ 站内照明、防雷防静电应符合有关标准要求。

⑬ 检查站内燃气浓度检测报警器设置，灭火器材是否按标准配置和存放。

⑭ 一、二级 LNG 加气站和地上 LNG 储罐的合建站应设置消防水系统。

⑮ 站内设备应挂牌管理。工艺管道上应标出物料流向。

4.3.2.4 加氢站

加氢站有高压储氢加氢及液氢储存加氢，其安全检查要点是：检查相关证照及员工上岗证；加气站三边应设高 2.2m 不燃烧实体围墙，面向车辆入口和出口道路的一侧可设非实体围墙或不设围墙。站内是否有固定停车位，卸气处是否有车挡或护栏。在卸气处为防止卸气车溜车，应设有止滑器。

（1）高压储氢加氢

① 采用运输车辆卸气时应标明有固定卸气位，且不得超过 2 个。

② 卸气柱与氢气运输车辆相连管道上应设置拉断阀。

③ 氢气压缩机应设压力高低、润滑系统、自控、联锁、故障报警等安全保护装置。

④ 储氢容器的工作温度不应低于−40℃且不高于 85℃。

⑤ 站内应有设计单位出具的风险评估报告。

⑥ 加氢机应设置在室外或通风良好的箱柜内，应具有充装、计量和控制功能。

⑦ 加气机进气管道上应设置自动切断阀，加气机的加气软管应设置拉断阀。

⑧ 氢气管道宜布置在地上管墩或管架上，不应敷设在未充沙的封闭管沟内。

⑨ 储氢容器、氢气储气井进气总管上应设安全阀及紧急放空管、就地和远传压力测量仪表，远传压力仪表应有超压报警功能。应设现场手动和远程开启的紧急放空阀门及放空管道。

⑩ 加氢设施邻近车道的地上氢气设施应设防撞柱（栏）。

⑪氢气长管拖车或管束式集装箱卸气端不宜朝向办公室、加气岛或邻近的站外建筑物。不可避免时，氢气长管拖车或管束式集装箱卸气端应设厚度不小于

200mm 的钢筋混凝土实体隔墙。

⑫工艺管道不应穿过或跨越站房等与其无直接关系的建、构筑物；与管沟、电缆沟和排水沟相交叉时，应采取相应的防护措施。

（2）液氢储存加氢

① 液氢储罐内容器为金属低温罐，应设置不少于 2 个全启式安全阀。爆破片安全装置爆破时不允许有碎片。

② 液氢储罐液相管道靠近储罐应设置一道可远程控制操作的紧急切断阀。液氢储罐内容器应设置泄压管道，管道上应设可远程控制操作的阀门。

③ 液氢储罐应设置可在控制室和就地分别指示的压力和液位测量仪表，并有高液位报警功能。

④ 液氢增压泵应设置温度检测仪表，应在控制室和就地分别指示，超限时应报警。

⑤ 汽化器出口应设置温度和压力检测仪表，并分别在现场及控制室指示且与增压泵联锁。

⑥ 液氢储罐设计单位应针对储罐制造和使用阶段可能出现的所有工序编写风险评估报告。

⑦ 液氢罐车或罐箱宜采用压差输送卸车工艺或采用泵卸车工艺。连接液氢罐车的卸液管道上应设置切断阀和止回阀，气相管道上应设置切断阀。

⑧ 液氢储存加氢设施，宜采用液氢增压泵和高压汽化器增压方式。

⑨ 液氢储罐和管道的放空管应与高压氢气放空管分开设置。

⑩ 其他同高压储氢加氢。

4.3.3 加油与 LPG、CNG、LNG 及加氢合建站安全检查要点

加油与 LPG 加油加气合建站、加油与 CNG 加油加气合建站、加油与 LNG 加油加气合建站、加油与 CNG 和 LNG 加油加气合建站、加油与高压储氢加氢或液氢储存加氢合建站、加油加气加氢站安全检查要点可参考本章 4.3.1、4.3.2 中内容。

4.3.4 加油加气加氢站安全检查项目及检查内容

汽车加油站安全检查项目及检查内容见表 4.1；汽车 LPG 加气站安全检查项目及检查内容见表 4.2；汽车 CNG 加气站、LNG 加气站、L-CNG 加气站及 LNG/L-CNG 加气合建站安全检查项目及检查内容见表 4.3；汽车高压储氢加氢或液氢储存加氢站安全检查项目及检查内容见表 4.4。

表 4.1　汽车加油站安全检查项目及检查内容

单位名称：　　　　　　　　　　　　　　　　　　检查日期：　　年　月　日

序号	检查项目	检　查　内　容	检查结果
1	经营证照	建站手续齐全	
		危险化学品经营许可证和加油充装许可证、汽车加油站经营证，并年检有效	
		消防部门颁发的加油站验收合格证	
		加油站负责人及安全管理人员取得从业人员证、安全资格证	
2	安全生产管理	安全生产领导小组组织机构及专职安全员	
		安全生产管理制度，日常、节假日及定期安全生产检查制度	
		岗位安全生产责任制及操作规程完善并落实，员工无违规操作现象	
		事故应急救援预案、成立组织机构，应组织培训，并半年组织一次演练	
		站内动火管理制度	
		安全生产教育制度及入职培训，员工知会率应 100%	
		站内员工持证上岗率应 100%。有当班记录，填写准确、文字清楚	
		安全检查每周至少一次、巡回检查每天至少两次，都有完整记录	
		劳动防护用品配置及发放	
		消防器材配置及安全设施管理制度，年度演练计划	
3	工艺及设备	油罐应采用双层卧式油罐；埋地加油管道应采用双层管道； 油罐应设带有高液位报警装置的液位监测系统	
		汽油罐、柴油罐通气管应分开设置，通气管管口高出地面的高度不应小于 4m； 汽油罐的通气管管口除应装设阻火器外，还应装设呼吸阀	
		每个油罐应各自设卸油管道和卸油接口，各卸油接口及回收接口应有明显标识	
		卸油油气回收管道的接口宜采用自闭式快速接头	
		油罐宜采用潜油泵，一泵供多加油枪的加油工艺。 采用一机多油品加油机时，加油机上的放枪位应有各油品文字标识，加油枪有颜色标识	
		加油机不得设置在室内，加油枪应采用自封式加油枪，加油软管上应设安全拉断阀	
		站内计量器具准确无误，计量误差不宜大于 1.5%，并应定期检验	
		钢制油罐必须进行防雷接地，接地点不应少于 2 处；管沟的始、末端和分支处应设防雷和防静电接地装置，卸油点应有接地桩，罩棚应设避雷带；管道法兰两端应用金属跨接，接地应每年检验一次并合格	
		卸油应用专用软管连接，卸液口应采用密闭式快速接头，应设专用静电接地桩	
		加油管道应埋地敷设，且不得穿过站房；管沟必须用中性沙子或细土填满填实	
		站内油罐区、加油罩棚、营业室均应设事故照明	

续表

序号	检查项目	检 查 内 容	检查结果
4	安全设施	站区应有明显的“易燃易爆”“严禁烟火”安全警示标志	
		加油加气站应设置加油泵紧急切断系统，在事故状态下能切断电源，关闭油泵	
		油罐车卸油必须采用密闭卸油方式	
		位于加油岛端部的加油机附近应设防撞柱(栏)	
		自助加油站应表示自助加油操作说明；自助加油站应设置紧急停机开关	
		安全阀、计量器具、压力表等应定期检验并有合格的检验报告	
		承运危险化学品的运输车辆手续齐全，有车辆准运证、押运人员上岗资格证	
		油品卸车点备有车辆止滑器	
		站内员工按生产防护要求着装、佩戴工作牌	
		按规范规定配备齐全的干粉灭火器、药剂有效、压力合格、无损坏，灭火器放置地点规范、合理；加油站应按规定配置灭火毯和沙子	
		加油站作业区地面应采用撞击时不产生火花的材料； 加油站作业区内不得种植油性植物	
		站内应设火灾报警电话	

检查结果：

整改意见：

被检查单位负责人签字：　　　　　　　　　　　　　　　　　　检查人签名：

表 4.2　汽车 LPG 加气站安全检查项目及检查内容

单位名称：　　　　　　　　　　　　　　　　　检查日期：　　年　月　日

序号	检查项目	检 查 内 容	检查结果
1	经营证照	建站手续齐全	
		危险化学品经营许可证和加气充装许可证、汽车加气站经营证，并年检有效	
		消防部门颁发的 LPG 加气站验收合格证	
		LPG 加气站负责人及安全管理人员取得从业人员证、安全资格证	
2	安全生产管理	安全生产领导小组组织机构及专职安全员	
		安全生产管理制度，日常、节假日及定期安全生产检查制度	
		岗位安全生产责任制及操作规程完善并落实，员工无违规操作现象	
		事故应急救援预案、成立组织机构，应组织培训，并半年组织一次演练	
		站内动火管理制度	

续表

序号	检查项目	检 查 内 容	检查结果
		安全生产教育制度及入职培训，员工知会率应100%	
		站内员工持证上岗率应100%，有当班记录，填写准确、文字清楚	
		安全检查每周至少一次、巡回检查每天至少两次，都有完整记录	
		劳动防护用品配置及发放	
		消防器材配置及安全设施管理制度，年度演练计划	
3	工艺及设备	LPG储罐可采用地上罐或地下罐，储罐的支座应采用钢筋混凝土支座。储罐必须设置就地指示的液位计、压力表、温度计，以及液位上、下限报警装置	
		储罐必须设置全启封闭式弹簧安全阀，放散管底部应设排污管； 安全阀与储罐间安装的切断阀处于开启状态应有铅封并有挂牌标志	
		LPG储罐严禁设置在室内或地下室内，且不应布置在车行道下	
		连接LPG槽车的液相管道和气相管道上应设置安全拉断阀	
		管道系统上的胶管应选用耐LPG腐蚀的钢丝缠绕高压专用胶管	
		LPG卸车宜选用卸车泵或LPG压缩机，向燃气汽车加气应选用充装泵； 泵的进、出口宜安装长度不小于0.3m的挠性管或采取其他防振措施	
		加气机不得设置在室内；加气机应具有充装、计量功能，计量误差不大于1.5%； 加气机的液相管道上宜设事故切断阀或过流阀，当加气机被碰撞时能自行关闭	
		站内油罐区、加油罩棚、营业室均应设事故照明设施	
4	安全设施	站区应有明显的“易燃易爆”“严禁烟火”安全警示标志	
		充装泵紧急切断系统在事故状态下能切断电源，紧急切断系统应只能手动复位	
		加气站罐、加气棚、压缩机、泵等处应设可燃气体检测报警装置，并配置不间断电源。报警器宜集中设置在控制室或值班室内	
		安全阀、计量器具、压力表等应定期检验并有合格的检验报告	
		承运危险化学品的运输车辆手续齐全，有车辆准运证、押运人员有上岗资格证	
		卸车点应备有车辆止滑器；设在地面上的泵和压缩机应设置防晒罩棚	
		管道上法兰、胶管两端等连接处，应用金属导线跨接	
		在加气岛两端应设防撞柱(栏)	
		储罐区地面应硬化，储罐组四周设置的防火堤应两面抹灰	
		地上储罐设置的梯台护栏应完好，保障操作人员安全	

续表

序号	检查项目	检　查　内　容	检查结果
		按规范规定配备齐全的干粉灭火器，药剂有效、压力合格、无损坏、灭火器放置地点规范、合理	
		按国家有关规定应定期进行安全现状评价	
		加气站作业区地面应采用撞击时不产生火花的材料； 加气站作业区内不应种植树木和易造成LPG积聚的其他植物	
		站内应设火灾报警电话	

检查结果：

整改意见：

被检查单位负责人签字：　　　　　　　　　　　　　　　　　　　　检查人签名：

表4.3　汽车CNG加气站、LNG加气站、L-CNG加气站及LNG/L-CNG加气合建站安全检查项目及检查内容

单位名称：　　　　　　　　　　　　　　　　检查日期：　　年　月　日

序号	检查项目	检　查　内　容	检查结果
1	经营证照	建站手续齐全	
		危险化学品经营许可证和加气充装许可证、加气站经营证，并年检有效	
		消防部门颁发的CNG加气站或LNG加气站验收合格证	
		加气站负责人及安全管理人员取得从业人员证、安全资格证	
2	安全生产管理	安全生产领导小组组织机构及专职安全员	
		安全生产管理制度，日常、节假日及定期安全生产检查制度	
		站内动火管理制度	
		消防器材配置及安全设施管理制度，年度演练计划	
		岗位安全生产责任制及操作规程完善并落实，员工无违规操作现象	
		事故应急救援预案、成立组织机构，应组织培训，并半年组织一次演练	
		安全生产教育制度及入职培训，员工知会率应100%	
		站内员工持证上岗率应100%。有当班记录，填写准确、文字清楚	
		安全检查每周至少一次、巡回检查每天至少两次，都有完整记录	
		劳动防护用品配置及发放	

续表

序号	检查项目	检查内容	检查结果
3	工艺及设备	天然气进站管道应设有调压装置、计量装置及紧急关断阀	
		压缩机组进口前应设分离缓冲罐，机组出口后宜设排气缓冲罐；压缩机排出的冷凝液应集中处理	
		储气瓶(组)应固定在独立支架上，地上储气瓶(组)宜卧式放置	
		站内天然气调压计量、增压、储存、加气，应分段设置切断气源的切断阀	
		CNG加气子站的液压设施应采用防爆电气设备	
		储气瓶(组)的管道接口端不宜朝向办公室、加气岛或邻近的站外建筑物，不可避免时，储气瓶(组)的管道接口端应设厚度不小于200mm的钢筋混凝土实体围墙	
		加气站天然气放空管道应按不同压力级别系统的放空管分别设置	
		LNG管道和低温气相管道应采用低温不锈钢，低温管道要绝热保冷； LNG卸车软管应采用不锈钢波纹软管	
		天然气管道采用管沟敷设时，管沟应采用中性沙子填充	
		站内设备运转正常，每班有记录、准确清楚	
		压缩机室应设防爆通风设施，门窗向外开，门窗开关严禁“铁碰铁”	
		在爆炸危险区域内，机泵应选用防爆型	
		机泵外露转动部位应设有防护罩，并牢固完好	
		CNG瓶组、储气井阀门、管线接头无泄漏，安全阀正常；定期排污	
		LNG储罐宜采用卧式储罐，储罐应安装在罐池中，LNG储罐组四周应采用不燃烧实体材料建造防护堤，防护堤雨水排放口应有封堵措施； 防护堤内不得设置其他可燃液体储罐、CNG储气瓶或储气井	
		天然气储气瓶组、储气井及液化天然气储罐应设置防雷接地，接地点不应少于2处；管沟的始、末端和分支处应设防雷和防静电接地装置，卸车点应有接地桩，罩棚应设避雷带； 管道法兰两端应用金属跨接，接地应每年检验一次并合格	
		LNG储罐应设置液位计及高液位报警器。高液位报警器应与进液管道紧急切断联锁；LNG储罐最高液位以上部位应设置压力表	
		LNG储罐液位计、压力表除就地显示外，应将检测信号传送至控制室集中显示	
		充装LNG汽车系统使用的潜液泵宜安装在泵池内，并设有防噪措施	
		L-CNG系统采用柱塞泵时进、出管道应设防振装置，并应采取防噪声措施； 高压汽化器出口应设置温度和压力检测仪表，出口气体温度不应低于5℃	

续表

序号	检查项目	检查内容	检查结果
3	工艺及设备	连接槽车的卸液管道上应设置切断阀和止回阀，气相管上设切断阀	
		加气机加气软管应设安全拉断阀；卸气柱应用专用软管连接；卸液口应采用密闭式快速接头，应设专用静电接地桩	
		站内计量误差不宜大于1.5%，并应定期检验	
		站内储罐、储气井、储气瓶组等设备及安全阀、压力表应定期检验	
		加(卸)气设施不得设置在室内	
		检查消防系统；消防泵房、罩棚、营业室、压缩机室等处，均应设事故照明	
4	安全设施	站区应有明显的"易燃易爆""严禁烟火"安全警示标志	
		加气站应设置CNG压缩机、LNG泵紧急切断系统，在事故状态下能切断电源，关闭CNG、LNG管道阀门；紧急切断系统应只能手动复位	
		安全阀与储罐之间应设切断阀，切断阀在正常操作时应处于铅封开启状态	
		加气站内储气罐、储气瓶(组)、加气棚下、压缩机、泵等处应设可燃气体检测报警装置，并配置不间断电源；报警器宜集中设置在控制室或值班室内	
		加气机、加气柱的进气管道上，应设置防撞事故自动切断阀； 加气、卸气枪软管上应设安全拉断阀	
		安全阀、计量器具、压力表等应定期检验并有合格的检验报告	
		承运危险化学品的运输车辆手续齐全，有车辆准运证、押运人员上岗资格证	
		卸车点应备有车辆止滑器	
		"加气七不准"、各种安全警示标识应符合规范标准，并按规定设置	
		对加气车辆应检查是否符合充装要求、持有钢瓶充装证以及车用钢瓶是否在检验合格有效期内；充装后应对充装气瓶及附件进行无泄漏检查，并做好充装检查情况登记	
		管道上法兰、胶管两端等连接处，应用金属导线跨接	
		放散管底部应有排污阀，放散的低温天然气应不宜低于−107℃	
		站内员工按生产防护要求着装、佩戴工作牌	
		在加气岛两端应设防撞柱(栏)	
		固定储气瓶(组)或储气井与站内汽车通道相邻一侧；加气机、加气柱和卸气柱的车辆通过侧应设置高度不小于0.5m的防撞柱	
		加气柱、卸气柱、加气机不得设置在室内	
		按规范规定配备齐全的干粉灭火器、药剂有效、压力合格、无损坏、灭火器放置地点规范、合理	

续表

序号	检查项目	检查内容	检查结果
		按国家有关规定应定期进行安全现状评价	
		站内应设火灾报警电话	
		加气站作业区地面应采用撞击时不产生火花的材料； 加气站作业区内不得种植油性植物	

检查结果：

整改意见：

被检查单位负责人签字：　　　　　　　　　　　　　　检查人签名：

表 4.4　汽车高压储氢加氢或液氢储存加氢站安全检查项目及检查内容

单位名称：　　　　　　　　　　　　　　检查日期：　　年　月　日

序号	检查项目	检查内容	检查结果
1	经营证照	建站手续齐全	
		危险化学品经营许可证和加氢充装许可证、加氢站经营证，并年检有效	
		消防部门颁发的高压储氢加氢站或液氢储存加氢站验收合格证	
		加氢站负责人及安全管理人员取得从业人员证、安全资格证	
2	安全生产管理	安全生产领导小组组织机构及专职安全员	
		安全生产管理制度，日常、节假日及定期安全生产检查制度	
		岗位安全生产责任制及操作规程完善并落实，员工无违规操作现象	
		事故应急救援预案、成立组织机构，应组织培训，并半年组织一次演练	
		站内动火管理制度	
		安全生产教育制度及入职培训，员工知会率应达到 100%	
		站内员工持证上岗率应 100%；有当班记录，填写准确、文字清楚	
		安全检查每周至少一次、巡回检查每天至少两次，都有完整记录	
		劳动防护用品配置及发放	
		消防器材配置及安全设施管理制度，年度演练计划	
		采用运输车辆卸气设置的固定停车位不宜超过 2 个，并应有明确标识	
		卸氢柱与氢气运输车相连的管道上应设置拉断阀并宜设置防甩脱装置； 卸氢柱应设置泄放阀、紧急切断阀、就地和远传压力测量仪表	
		氢气压缩机进口应设置压力高、低限报警系统，出口应设置压力超高限、温度超高限停机联锁系统； 采用膜式压缩机时，应设膜片破裂报警和停机联锁系统	

续表

序号	检查项目	检查内容	检查结果
3	工艺及设备	氢气储存可选用储氢容器或储气井。储氢容器温度不应低于-40℃且不应高于85℃	
		应有氢气储存设施的设计单位出具的风险评估报告	
		固定式储氢容器应设置安全阀和放空管,阀前后应各设1个全通径切断阀	
		加氢机进气管道上应设置自动切断阀,并与压力高限联锁,加氢机应具有充装、计量和控制功能,计量精度不应低于1.5级,并应定期检验; 加氢机的加气软管应设置拉断阀,加气软管及软管接头应具有抗腐蚀性能	
		不同压力级别放空管宜分别引至放空总管,放空总管底应设排水管及阀门	
		液氢储罐应采用高真空多层或其他高性能真空的绝热形式; 液氢储罐的内容器应设置全启式安全阀,外容器应设置超压泄放装置	
		液氢储罐液相管道靠近储罐应设置一道可远程控制操作的紧急切断阀,在控制室和就地分别设置指示压力和液位测量仪表,并与超高液位报警联锁	
		液氢增压泵的进、出口管道上应设置防振装置,在泵的出口管道上应设置止回阀和全启封闭式安全阀,并设置压力检测仪表,在控制室及就地显示	
		液氢汽化器出口应设温度和压力检测仪表,并应分别在现场及控制室指示温度和压力,与液氢增压泵联锁	
		箱式液氢撬装加氢站设置应符合安全间距要求,主体箱应采取通风措施	
		液氢罐车或罐箱宜采用压差输送的卸车工艺或采用泵卸车工艺	
		连接液氢罐车卸液管道上应设置切断阀和止回阀;气相管道上应设置切断阀;输送液氢的阀门、软管和快速装卸接头应采用真空绝热或其他保温结构	
		液氢管道及组件应采用奥氏体不锈钢,管道设计温度不应高于-253℃	
		远程控制的阀门均应具有手动操作的功能	
		液氢储罐和管道的放空管应与高压氢气放空管分开设置	
		储氢容器、储气井、液氢储罐等设备及安全阀、压力表应定期检验	
		加(卸)氢设施不得设置在室内,应使用正常	
		检查消防系统;消防泵房、罩棚、营业室、机及泵室等处,均应设事故照明	

续表

序号	检查项目	检查内容	检查结果
4	安全设施	站区应有明显的“易燃易爆”“严禁烟火”安全警示标志	
		加氢站应设置氢气压缩机、液氢增压泵紧急切断系统，在事故状态下能切断电源，关闭氢、液氢管道阀门；紧急切断系统应只能手动复位	
		安全阀与储罐之间应设切断阀，切断阀在正常操作时应处于铅封开启状态	
		加氢站内储氢容器、储气井、液氢储罐、加氢棚下、压缩机、泵等处应设可燃气体检测报警装置，并配置不间断电源；报警器宜集中设置在控制室或值班室内	
		加氢机、加氢柱的进气管道上，应设置自动切断阀； 加氢、卸氢枪软管上应设置安全拉断阀	
		安全阀、计量器具、压力表等应定期检验并有合格的检验报告	
		承运危险化学品的运输车辆手续齐全，有车辆准运证、押运人员上岗资格证	
		卸车点应备有车辆止滑器	
		“加气七不准”、各种安全警示标识应符合规范标准，并按规定设置	
		对加氢车辆应对车辆检查是否符合充装要求、持有钢瓶充装证、车用钢瓶在检验合格有效期内。充装后应对充装气瓶及附件进行无泄漏检查，并做好充装检查情况登记	
		氢气管道上法兰、胶管两端等连接处，应用金属导线跨接	
		储氢区、长管拖车、管束式集装箱、氢气增压区、液氢储罐区、液氢增压泵区及液氢汽化器区应设置火灾报警探测器，设备表面覆盖率不应小于85%	
		加氢设施应设置手动启动的紧急切断系统，在事故状态下，可手动关停氢气压缩机、液氢增压泵和加氢机，同时紧急关闭氢气管道上紧急切断阀	
		固定式储氢容器、储氢井、液氢储罐与站内汽车通道相邻一侧；加氢机、加氢柱和卸氢柱的车辆通过侧应设置高度不小于0.5m的防撞柱	
		在加氢岛两端应设防撞柱(栏)	
		氢气长管拖车或管束式集装箱卸气端不宜朝向办公区、加氢岛或邻近的站外建筑物，不可避免时，应设厚度不小于200mm的钢筋混凝土实体围墙	
		设置有储氢容器、氢气储气井、氢气压缩机、液氢储罐、液氢汽化器的区域应设不燃材料制作的实体墙或栅栏与公众可进入区域隔开，高度不小于2m	
		站内固定储氢容器、储气井、氢气压缩机与加氢区、其他加油加气区、辅助实施之间应设置不小于厚0.2m、高2.2m的钢筋混凝土实体防护墙	
		工艺管道与管沟、电缆沟和排水沟相交叉时，应采取相应的防护措施	

续表

序号	检查项目	检查内容	检查结果
		站内员工按生产防护要求着装、佩戴工作牌	
		按规范规定配备齐全的灭火器材，并按规范设置，有检验合格证	
		按国家有关规定应定期进行安全现状评价	
		站内应设火灾报警电话	
		加氢站作业区地面应采用撞击时不产生火花的材料； 加氢站作业区内不得种植油性植物	

检查结果：

整改意见：

被检查单位负责人签字：　　　　　　　　　　　　　　　　　　　检查人签名：

对于加油与LPG加气合建站、加油与CNG加气合建站、加油与LNG加气合建站、加油与L-CNG加气合建站、加油与LNG/L-CNG加气合建站、加油与LNG和CNG加气合建站、加油与加氢合建站安全检查项目及检查内容可按本章表4.1～表4.4列表检查。

第5章 燃气输配管道安全检查及整改

5.1 燃气输配管道

5.1.1 燃气输配管道压力分级

燃气输配管道是城镇专门输送及分配燃气的管道，又称燃气管道、燃气管网。

燃气输配管道根据最高工作压力进行分级，分为：超高压、高压A和高压B、次高压A和次高压B、中压A和中压B、低压燃气管道5类。燃气输配管道压力分级见表5.1。

表5.1 燃气输配管道压力分级

名称		最高工作压力/MPa
超高压		$P>4.0$
高压	A	$2.5<P\leqslant 4.0$
	B	$1.6<P\leqslant 2.5$
次高压	A	$0.8<P\leqslant 1.6$
	B	$0.4<P\leqslant 0.8$
中压	A	$0.2<P\leqslant 0.4$
	B	$0.01<P\leqslant 0.2$
低压		$P\leqslant 0.01$

5.1.2 燃气管网分类

（1）燃气管网分类

在城镇燃气管网中，燃气管网分为：一级管网、二级管网、三级管网及多级管网4类。

一级管网：由一种压力级制管网分配和供给燃气的系统，通常为低压或中压管道系统。

二级管网：由两种压力级制的管网分配和供给燃气的系统。

三级管网：由三种压力级制的管网分配和供给燃气的系统。

多级管网：由三种以上压力级制的管网分配和供给燃气的系统。

（2）管网按敷设形状

管网按敷设形状分为：枝状管网、环状管网及环枝状管网。

枝状管网：由干管与支管组成的管网系统，支管末端互不相连，只能由一条管道向某管段供气。

环状管网：由若干封闭成环的管道组成，可由一条或几条管道同时向某管段输送燃气。

环枝状管网：由主干管为环状，分支管为枝状混合使用的一种管网输气形式。

5.2 燃气输配管道安全检查要点及检查内容

5.2.1 燃气输配管道安全检查要点

在天然气快速发展的同时，燃气输配管道及其附属设施常常受到威胁，违章占压燃气输配管道、第三方施工损坏燃气输配管道等行为屡禁不止，给城镇燃气输配管道带来极大安全隐患。城镇燃气输配管道安全检查要点是：

① 设计图纸、管道现状图、各种管道管材、管径、管长、输气压力及使用年限统计；

② 出地面及进户管是否有套管，外墙入户管及地上阀门是否有安全防护；

③ 检查管道埋深及与周边安全间距，管道、阀门及附属设施设置、腐蚀性，是否有泄漏；

④ 检查管道是否有被建、构筑物占压、管道旁取土或排放腐蚀性液体、气体；

⑤ 检查维修、抢修管理制度与组织落实，维修、抢修设施配置；

⑥ 检查巡线制度和巡线记录，检查检漏制度和检漏记录；

⑦ 检查燃气管道标识、标志。

重点检查燃气管道被违规占压、穿越密闭空间等问题；检查整改易导致重特大事故的老旧管道带病运行、高中压管道被占压、燃气场站设施安全间距不符合要求等突出问题隐患；检查居民用户擅自安装、改装、拆除户内燃气设施，室内管道严重锈蚀等隐患。

5.2.2 燃气输配管道安全检查项目及检查内容

燃气输配管道（燃气管网）安全检查项目及检查内容见表5.2。

表5.2 燃气输配管道（燃气管网）安全检查项目及检查内容

单位名称：　　　　　　　　　　　　　　　　检查日期：　　年　月　日

序号	检查项目	检查内容	检查结果
1	管网、制度	检查管网设计图、管网现状图，资料要齐全	
		管网管材、管径、压力应有详细统计资料	
		检查燃气管网运行安全管理制度和操作规程，包括管道及其附属系统的运行、维护制度和操作规程，日常运行中发现问题或事故处理的报告程序，事故抢修制度和事故上报程序； 燃气管网应有巡检制度、检漏制度、维修保养及抢修制度； 检查燃气管网应急救援预案及演练，并有应急演练记录； 埋地钢制燃气管道的设计工作年限不应小于30年，到期如确定继续使用，则应对管道进行安全评估，并制定检测周期； 对燃气管网安全检查出的安全隐患应制定整改制度，整改后应组织验收	
2	管道、阀门	检查管道管材、管径、管长及敷设年限统计；检查管道腐蚀、阴极保护； 检查出地面及地上入户管是否有套管，地上管道及阀门是否有安全防护措施； 检查燃气管道是否有从建、构筑物的下面通过； 检查埋地燃气管道与给排水、直埋电缆安全距离是否符合规范要求； 检查是否有危旧管道、迁改或废除管道统计表，记录各类管道敷设时间、明确管道长度、管径、连接方式、输气压力； 检查是否有危旧管道改造计划、改造方案、安全防护、应急救援预案，应明确改造期限及改造范围，并有危旧管道改造宣传资料； 对现仍在使用的铸铁管应尽早编制改造计划，抓紧更换； 迁改或废除管道应有详细施工方案，安全措施及应急救援预案、演练记录	
		检查管道是否处在崩塌、塌陷、洪水严重侵蚀危险状态下的地段； 检查是否有因市政建设影响管道埋深，是否有沉降	

续表

序号	检查项目	检查内容	检查结果
2	管道、阀门	埋地管引入地面及穿墙应加套管，套管与基础、墙或管沟等之间的间隙应填实；套管与管道之间的间隙应采用柔性防腐、防水材料密封	
		检查是否有聚乙烯管道在地上敷设	
		地上敷设的管道应稳固，易遭车辆或外力碰撞的管道应设置防撞措施	
		检查架空管道是否牢固、防腐有无脱落	
		阀门应定期检查，是否损坏和严重锈蚀、启闭正常，不得有燃气泄漏； 检查阀门井应无塌陷、井盖无损；位于硬化路面上的井盖应与地面平齐，阀门井内应设置防护网，井内不得有积水、塌陷、妨碍阀门操作的堆积物	
3	凝水缸	输送湿燃气的管道设有凝水缸，检查凝水缸排水管、阀门、护罩和护井，凝水缸应工作正常无堵塞现象，无燃气泄漏	
4	阴极保护	检查管道运行期间阴极保护不得间断； 检查阴极保护定期测试记录，对测试不合格或超期未检的或发现有隐患的应制定有防范及整改措施	
5	巡 线	应配备专门巡线人员，分片或分段划分巡线范围；应配备巡线工具	
		检查是否有管线定期巡线制度，制定巡线频次、巡线内容、重点部位	
		检查巡线记录，应有巡线时间、巡线区域、巡线内容、存在安全隐患，是否按固定格式填写； 检查是否在燃气管网及附属设施上和保护安全距离内挖坑取土、堆物； 检查是否在燃气管附近存放易燃易爆物品，或排放腐蚀性液体或气体； 是否发现可能危及燃气管网安全的施工行为，如有危及燃气管网安全的施工，应及时制止并给施工单位发燃气管道安全告知书； 如在管道沿线施工，应有经燃气管网主管单位批准的安全施工方案，要有应急救援预案，应安排专人现场监护或对管道采取有效保护方案或措施； 埋地燃气管道上不得有建、构筑物占压，如检查发现管道被占压，应立即上报并采取果断措施处置； 巡线记录应详细，应有巡检人签名	
6	检漏	检查是否有管网泄漏检查制度、检漏仪器配备、经培训合格的专职检漏人员，检漏频次、检漏方式是否合理，尤其是检漏对象中的重点部位；检查是否有燃气泄漏； 应有详细的检漏记录，信息反馈、隐患处理结果； 检漏人对各检查点位置和检查结果应如实记录，应有检查时间； 检查记录应详细，应有检漏人签名	

续表

序号	检查项目	检查内容	检查结果
7	标识、标志	检查管道沿线设置的里程桩、转角桩、标志桩、交叉桩和警示牌等永久性标识是否完好，埋设位置准确； 直线管段路面标识间隔不大于200m；人口密集地区、工商业活动区、基础设施建设区、环境敏感区等加密桩设置不大于50m； 通过人口密区、易受第三方损坏地段的埋地管道应加密设置标识桩和警示牌，并应在管顶上方连续埋设警示带，穿越重要道路、河流应有特殊醒目标志； 检查设置在混凝土和沥青路面的铸铁标志，人行道和土路设置的混凝土方砖标志，对绿化带、荒地和耕地设置的钢筋混凝土桩标志； 路面标志上应标注“燃气”字样，可选择标注“管道标志”“三通”及其他说明燃气设施的字样或符号和“不得移动”“覆盖”等警示语； 检查是否损坏、改装、移动、拆除和覆盖燃气设施及标志	

检查结果：

整改意见：

被检查单位负责人签字：　　　　　　　　　　检查人签名：

第6章
燃气用户安全检查及整改

燃气用户安全检查，主要是针对居民、商业及工业企业用户燃气设施的安全检查。

重点检查餐饮业燃气管道被违规占压、穿越密闭空间、气瓶不符合要求、使用不合格的"瓶灶管阀"、软管违规开口接三通及超长使用、不安装燃气泄漏报警器等隐患；检查居民用户擅自安装、改装、拆除户内燃气设施，室内管道严重锈蚀等隐患。

6.1 居民燃气用户

6.1.1 居民燃气用户分类

居民燃气用户有管道燃气用户和液化石油气用户两种。管道燃气有人工煤气、天然气、液化石油气汽化气及混气供气。液化石油气是瓶装液化石油气，居民应使用15kg钢瓶装液化石油气。

6.1.2 居民使用管道燃气安全检查

(1) 居民使用管道燃气安全检查要点

检查庭院管和引入管，沿外墙敷设架空管。

厨房：检查厨房是否合格、是否是开放式（敞开式）；用气场所是否设置燃气浓度检测报警器。

管道及阀门：检查管道、阀门是否私拆私改；管道上是否拉绳挂物、接触电源线；是否双火嘴；表后管道上是否安装自闭阀。

燃气表：检查表是否包封、负重、铅封、故障、腐蚀、损坏、漏气。

燃气灶具：检查使用的灶具是否合格，是否有熄火保护装置。

连接软管：检查连接软管是否是燃气专用软管、是否超长和超过使用年限、是否有泄漏；应采用不锈钢波纹管。

热水器：检查使用的热水器是否合格、有无烟道；禁止使用直排式燃气热水器。

(2) 居民使用管道燃气安全检查项目及检查内容

居民使用管道燃气安全检查项目及检查内容见表6.1。

表6.1　居民使用管道燃气安全检查项目及检查内容

单位名称：　　　　　　　　　　　　　　　　　检查日期：　　年　月　日

序号	检查项目	检　查　内　容	
1	管道	管道及阀门应完好无损、有防腐、无腐蚀、密封良好无泄漏	
		管道是否私拆私改、拉绳挂物、接触电源线	
		管道及附件不得设置在卧室、卫生间、客厅等人员居住和休息的房间	
		燃气管道与相邻管道、电气设备之间的净距应符合规范规定	
		管道穿越墙壁、楼板等障碍物处应有套管，套管与管道之间的间隙应采用柔性防腐防水材料密封	
		不得将燃气管线、阀门和表砌入墙体或包封	
		管道输气压力和设备用气压力应符合设计要求	
		燃气管道应采用球阀	
		燃气管道上应安装自闭阀	
		高层建筑的燃气立管应有承受自重和热伸缩推力的固定支架和活动支架	
2	连接软管	连接软管长度应不大于2.0m且不应有接头，并检查是否有泄漏	
		检查软管是否连接三通、穿越墙体、顶棚、地面或门窗；检查离火孔距离是否合理、是否有老鼠咬、老化、龟裂、管卡子(喉箍)固定、脱落及安装不到位的现象	
		用气设备与管道连接的软管使用年限应不低于燃具判废年限，应使用不锈钢波纹管，连接应牢固、严密	
3	计量	计量表应安装在明处，外观良好，无损坏和漏气现象；表上铅封完好	
		燃气表选用应与使用燃气种类一致，表的计量精度应符合规范规定	
		计量表不得安装在有腐蚀液体和气体的场所	
		不得在开放式厨房安装管道燃气和使用燃气	
		应使用经国家质检部门认定合格的燃具，不得使用改装、超期、简易灶具、老式红外线灶具、挡风圈	

续表

序号	检查项目	检　查　内　容	
4	用气	用气设备应符合国家产品质量标准,应与使用的燃气种类相一致	
		用气场所应向外开启的门窗,应具有良好的通风条件并设有机械通风	
		在用气场所不得有双气源,即使用管道燃气的厨房严禁使用瓶装液化石油气及煤炉	
		用气环境良好,无腐蚀危害物,室内温度应不高于45℃	
		用气设备工作状态良好,无回火、脱火、黄烟等现象	
		用气后燃气管道阀和燃具阀应同时关闭	
		燃气管道阀如双火嘴只使用一火嘴应更换单火嘴	
		应使用带有熄火保护装置的灶具	
		禁止使用不符合国家规范要求的直排式燃气热水器	
		使用强排式、平衡式或烟道式热水器,排烟管是否通向室外的排烟道或插入公共烟道	
		燃气采暖热水炉和半密闭式热水器严禁设置在浴室、卫生间内	
5	安全设施	用气设备与用气场所内其他易燃设施之间应采取有效防火隔热措施	
		燃气不得直接用于采暖设备	
		用气场所应设置排风扇或排油烟机、燃气浓度检测报警器	
		使用燃气场所宜配有干粉灭火器	

检查结果：

整改意见：

被检查单位负责人签字：　　　　　　　　　　　　　　　　检查人签名：

6.1.3 居民使用瓶装液化石油气安全检查

(1) 居民使用瓶装液化石油气安全检查要点

钢瓶：钢瓶应完好无损，钢瓶上应有可追溯的电子识读标志码（溯源码），标志码应完好清晰，能通过手机扫描二维码获取钢瓶的相关信息，如钢瓶充（灌）装站信息、充装时间、钢瓶检验及使用期等。

连接软管：应采用不锈钢波纹管；宜采用螺纹连接，采用插入式连接时，应有可靠的防脱落措施。

燃气灶具（又称燃具、灶具）：检查使用的灶具是否合格，是否有熄火保护装置。

用气环境：不得在地下室、半地下室或地上密闭房间内使用瓶装液化石油气钢瓶。

安全设施：应使用具有可追溯二维码智能角阀，应设置燃气浓度检测报警器。

(2) 居民使用瓶装液化石油气安全检查项目及检查内容

居民使用瓶装液化石油气安全检查项目及检查内容见表6.2。

表6.2 居民使用瓶装液化石油气安全检查项目及检查内容

单位名称： 检查日期： 年 月 日

序号	检查项目	检 查 内 容	检查结果
1	钢瓶	钢瓶上应设置可追溯的电子识读标志码(溯源码)，没有识读标志码不得使用	
		应使用具有可追溯二维码智能角阀	
		应有与正规合法供气单位签订供用气合同	
		不得使用未检钢瓶、过期钢瓶或有缺陷报废钢瓶； 钢瓶瓶体上应标有下次检验日期	
		钢瓶不得在地下室或半地下室内、通风不良密闭空间、用餐区存放使用	
		只能使用15kg以下钢瓶，钢瓶灌装容量不得大于90%；钢瓶不得用热水加热	
		使用瓶装液化石油气的房间不得再有其他燃气	
		钢瓶使用年限15年，应在每次检验周期内使用	
2	钢瓶设置	钢瓶不得设置在地下室或半地下室、卧室、卫生间、书房、大厅、有易燃易爆物品堆积的房间及有腐蚀介质的房间等	
		钢瓶设置与灶具净距应大于0.5m，不得靠近热源或明火	
		钢瓶与散热器的净距应大于1m	
		钢瓶应直立摆放，严禁平放、倒置	
3	阀门	钢瓶角阀应密封良好，启闭灵活，检查无泄漏	
		减压阀与角阀连接前应检查密封胶圈是否老化、脱落，连接后无泄漏	
		钢瓶未使用时，灶具与钢瓶角阀应保持在全关闭状态	
		阀门应采用球阀，不得使用旋塞阀	
4	连接软管	用气设备与管道连接的软管使用年限应不低于燃具判废年限，应使用不锈钢波纹管；软管不得龟裂、老化或破损； 连接软管长度不应大于2.0m且不应有接头，检查是否有泄漏	
		软管与灶具是采用螺纹、卡套、承插式何种连接，连接处应牢固、严密	
		软管不得穿过墙、楼板、天花板、地面、门和窗	

续表

序号	检查项目	检查内容	检查结果
		软管不得低于灶具面板 30mm 以上	
		连接软管不得开口，不得使用三通将其分为两个或多个支管	
5	灶具	灶具应有熄火保护装置	
		使用燃气热水器应设置将燃气燃烧产生的烟气排出室外设施	
		不得使用老式红外线灶具、挡风圈	
6	安全设施	钢瓶安装的减压阀只使用单火嘴的，不得安装双火嘴减压阀	
		调压器出口宜设置具有过流切断功能装置	
		用气厨房宜设燃气浓度检测报警器并可正常使用，报警器安装高度距地面应小于 0.3m	
		厨房应有向外开启的门、窗； 灶具应设置在通风良好的房间内，应设有排油烟机或排风扇	
		瓶装液化石油气不得直接用于采暖设备	
		居民室内宜配备干粉灭火器	
		应与瓶装液化石油气供应企业签订供用气合同	

检查结果：

整改意见：

被检查单位负责人签字：　　　　检查人签名：

6.2 商业用气户

6.2.1 商业使用管道燃气安全检查

（1）商业使用管道燃气安全检查要点

① 商业使用管道燃气安全检查主要是面向餐饮业。

② 商业用气设备宜采用低压燃气设备。

③ 室外埋地管道不得被建筑物占压。燃气管道和设备设置在室外靠近车辆通道处应设置护栏或车挡、在明显处还应设安全标志。

④ 检查室内管道敷设和穿越是否合理，是否有套管、私拆私改、腐蚀和泄漏。管道上应标有燃气流向指示。用气场所燃气进口和燃具前的管道上应单独设置阀门，阀门启闭灵活、阀上应有明显的启闭标记。

⑤ 管道与用气设备连接的软管应采用不锈钢波纹管。

⑥ 用气设备设置在地下室、半地下室的应设置必要的紧急切断阀、熄火保护、燃气浓度检测报警器、机械排风等安全措施。

⑦ 检查大锅灶和炒菜灶排烟设施及泄爆装置。

⑧ 检查燃气锅炉和直燃机是否设置在专用房间内，是否符合规范安全技术措施及排烟通风、自动灭火系统。

⑨ 检查设置在屋顶上燃气设备安全保障，应有防雷防静电接地措施。

⑩ 燃气表应集中布置在单独房间内或与有专用调压室调压器同室布置，表应有保护装置。

⑪ 检查表前是否安装接头、拆卸燃气表、私改管道、破坏燃气表铅封进行偷盗气现象。

⑫ 检查是否使用双气源，使用管道燃气不得再使用瓶装液化石油气或煤炉，不得使用“三无设备”；是否有管道搭挂重物、燃气设备缠绕电线、燃气设施附近存放易燃易爆物等现象。

⑬ 厨房应设有燃气泄漏报警自动切断装置、应设有烟感探测报警器，并配备便携式检漏仪。

⑭ 不得在有燃气设施的房间内睡人。

(2) 商业使用管道燃气安全检查项目及检查内容

商业使用管道燃气安全检查项目及检查内容见表 6.3。

表 6.3　商业使用管道燃气安全检查项目及检查内容

单位名称：

检查日期：　　年　月　日

序号	检查项目	检 查 内 容	检查结果
1	室外管道	室外埋地管道与建、构筑物应保证安全间距，不得被建筑物占压	
		燃气引入管应设手动快速切断阀和紧急自动切断阀	
		入户管穿过建筑物基础、墙或管沟时，均应设置在套管中，并密封	
		燃气管道和设备设置在室外靠近车辆通道处时，应设置护栏或车挡等隔离安全保护措施，并在明显处设有安全警示标志	
2	室内管道	管道及阀门应完好无损、有防腐无腐蚀、密封良好无泄漏	
		管道邻下水明沟贴地面敷设应有防潮湿、防腐蚀措施	
		管道上应标有燃气流向指示，用气场所燃气进口和燃具前的管道上应单独设置阀门，阀门启闭灵活、阀上应有明显的启闭标记	
		管道材质、敷设应符合规范要求，安装牢固，管道不得私自改装；管道上不得拉绳加挂钩挂物，不得邻近电线	
		燃气管道与相邻管道、电气设备之间的净距应符合规范规定	

续表

序号	检查项目	检查内容	检查结果
		管道穿越墙壁、楼板等障碍物处应有套管,套管与管道之间的间隙应采用柔性防腐、防水材料密封	
		管道输气压力和设备用气压力应符合设计要求	
		管道与用气设备连接的软管不得低于燃具的判废年限,应采用不锈钢波纹管,连接应牢固、严密	
		燃气管道上应安装低压和超压报警设备及紧急自动切断阀	
		暗封在楼层地板应设有套管、暗封在管沟内应设活动盖板,并填充干沙	
3	计量	不得将燃气计量表安装在壁橱里,应安装在明处; 计量表可与安装在专用调压室调压器同室布置	
		计量表应外观良好,无损坏和漏气现象	
		燃气表选用应与使用燃气种类一致,表的计量精度应符合规范规定	
		计量表应按规定检验,并应在检验有效期内使用	
		计量表不得安装在有腐蚀液体和气体的场所	
4	调压	如单独设置调压装置,调压装置应完好无损,无腐蚀、无泄漏	
		调压装置上应标有燃气流向指示,并在明显处设有安全标识	
		调压器应设置在通风良好处,调压湿燃气环境温度不应低于0℃	
		调压器如与计量表设置在调压室应符合规范防爆、通风要求	
		调压器装置应运行、放散、切断压力正常,无燃气泄漏现象	
		放散阀上应有明显的启闭标记	
5	用气	用气场所应配有向外开启的门窗,应具有良好的通风条件并设有机械通风	
		在用气场所不得有双气源,即使用管道燃气的厨房严禁使用瓶装液化石油气及煤炉	
		用气环境良好,无腐蚀危害物,室内温度应不高于45℃	
		用气设备应符合国家产品质量标准,应与使用的燃气种类相一致	
		用气设备工作状态应良好,无回火、脱火、黄烟等现象; 用气后关闭燃气器具阀还应关闭燃气阀,即用气后两阀必须都关闭; 晚上下班前应关闭厨房内燃气总阀,并对燃气设施做安全检查并记录	
		用气设备应有熄火保护装置	
		用气设备应设有火焰监测和自动点火装置	
		用气人员应经过燃气安全知识和操作技术培训	
		大锅灶和炒菜灶应有排烟设施	
		燃气锅炉应设置在独立的专用房间内	
		公共用餐区域不得使用燃气,不得将燃气管道敷设至餐桌处	

续表

序号	检查项目	检 查 内 容	检查结果
6	安全设施	应设置燃气泄漏报警自动切断系统和机械通风联锁的安全保护装置	
		用气设备与用气场所内其他易燃设施之间应采取有效防火隔热措施	
		用气设备应设有符合规定的有效排烟设施,将产生的烟气排出至室外	
		设置在屋顶上的燃气设备应有防雷和静电接地措施	
		在就餐场所不得敷设燃气管道及使用燃气; 不得将燃气直接用于采暖设备	
		应设置火灾自动报警系统,如有条件可设置自动灭火系统; 应设置烟感探测报警器	
		应配备便携式可燃气体检测报警器,每天使用燃气前应进行泄漏检查	
		按有关规定应配有干粉灭火器	

检查结果:

整改意见:

被检查单位负责人签字: 检查人签名:

6.2.2 商业使用瓶装液化石油气安全检查

(1) 商业使用瓶装液化石油气安全检查要点

① 商业使用瓶装液化石油气安全检查主要面向餐饮业。

② 中小型餐饮场所（经营面积小于 500m^2）应使用 15kg 液化石油气钢瓶。

③ 大型餐饮场所（经营面积超过 500m^2）使用 50kg 液化石油气钢瓶时，应设独立瓶组汽化间，且应符合现行国家标准 GB 51142《液化石油气供应工程设计规范》的规定。

④ 禁止餐饮场所使用 50kg 气液双头液化石油气钢瓶。

⑤ 钢瓶：钢瓶应完好无损，钢瓶上应有可追溯的电子识读标志码（溯源码），标志码应完好清晰，能通过手机扫描二维码获取钢瓶的相关信息，如钢瓶充（灌）装站信息、充装时间、钢瓶检验及使用期等。

⑥ 钢瓶角阀不得用三通安装两个或以上调压阀。

⑦ 钢瓶使用和存放数量、环境（有门窗，要通风良好）。

⑧ 连接软管：与灶具连接的软管应使用不锈钢波纹管，软管不得超长及开口，连接软管两端应牢固。

⑨ 灶具：检查灶具是否有熄火保护装置。

⑩ 用气环境：不得在地下室、半地下室或地上密闭房间内使用瓶装液化石油气钢瓶。

⑪ 安全设施：应使用具有可追溯二维码智能角阀，应设置燃气浓度检测报警器。

（2）商业使用瓶装液化石油气安全检查项目及检查内容

商业使用瓶装液化石油气安全检查项目及检查内容见表6.4。

表6.4　商业使用瓶装液化石油气安全检查项目及检查内容

单位名称：　　　　　　　　　　　　　　　　　　　检查日期：　　年　月　日

序号	检查项目	检　查　内　容	检查结果
1	钢瓶	不得使用瓶上没有设置可识别的标识码（溯源码）的钢瓶	
		应使用具有可追溯二维码智能角阀	
		不得使用未检钢瓶、过期钢瓶或有缺陷报废钢瓶；钢瓶瓶体上应标有下次检验日期	
		钢瓶不得设置在地下室或半地下室、有易燃易爆物品堆积的房间及有腐蚀介质的房间等	
		钢瓶不得在公共用餐区域存放和使用	
		检查钢瓶存在钢瓶间或者钢瓶放置位置是否符合规范要求；钢瓶应直立	
		在同一房间内除使用瓶装液化石油气外不得再使用其他燃气	
		使用10kg、15kg、50kg钢瓶数应符合要求	
		不得使用两相钢瓶	
		大中型商店建筑内的厨房不得设有液化石油气钢瓶	
		不得采用火烤或热水等方式为钢瓶加热	
		新灌装钢瓶应有验收、安全检查制度及记录	
2	管道连接	钢瓶与灶具连接是硬连接还是软连接及材质是否合理	
		连接软管是否有穿越墙体、弯折、拉伸、龟裂、老化等现象	
		软管与灶具是采用螺纹、卡套、承插式何种连接，连接是否牢固、严密	
		连接的软管长度不应大于2m且不应有接头，检查是否有泄漏	
		软管不得低于灶具面板30mm以上	
		钢瓶与灶具连接软管的使用年限不应低于燃具的判废年限，应使用不锈钢波纹管，连接应牢固严密；软管不得龟裂、老化或破损；连接的软管不得开口、不得使用三通将其分为两个或多个支管	
		供多台灶具用气时，应采用硬管，软管与硬管间应设有球阀	
		软管不得穿过墙、楼板、顶棚和门窗	
		硬管应做防腐，穿过墙、地板、楼板处应加套管并采用防水材料密封	
		公共用餐区不得敷设燃气管道至餐桌	
3	燃具	燃具是应设有熄火保护装置	
		使用燃气热水器应设置将燃气燃烧产生的烟气排出室外设施	
4	环境要求	商业燃具或用气设备应设置在通风良好的场所，应设有机械排烟设施	
		厨房应有向外开启的门、窗	
		钢瓶与燃具间距不应小于0.5m	
		钢瓶与散热器间距不应小于1.0m	
		钢瓶不得设置在易燃易爆品库房、有腐蚀性介质场所	
		在同一厨房内不得使用两种燃料，即双气源；瓶装液化石油气不得直接用于采暖设备	
		钢瓶存放位置和厨房不得使用煤炉	
		调压器出口宜设置具有过流切断功能的装置	
		设置燃气泄漏报警应与切断阀联锁，报警器不得超期，应保证正常使用	

续表

序号	检查项目	检　查　内　容	检查结果
5	安全设施	餐饮厨房必须安装燃气浓度检测报警器，安装高度距地面不大于0.3m	
		应配备干粉灭火器	
		钢瓶间不得堆放易燃易爆物品、与使用其他明火及与灶间保有安全间距	
		应设有便携式可燃气体泄漏检测报警器，每天使用燃气前应进行泄漏检查	
		燃气使用后钢瓶角阀及燃具阀应同时关闭，下班后应安全检查并做记录	
		应与瓶装液化石油气供应企业签订供用气合同	
		商业用气户不得将瓶装液化石油气用作生产原料	

检查结果：

整改意见：

被检查单位负责人签字：　　　　　　　　检查人签名：

6.2.3 商业使用瓶装液化石油气存在的主要问题

根据对商业使用瓶装液化石油气（简称钢瓶），尤其只有单间或双间的小餐饮、早餐店、面食加工店等安全检查，发现安全隐患非常严重，而且有普遍性，存在的安全隐患如下。

① 仍使用没有标识码（溯源码）及无标有检验日期的钢瓶，也未使用二维码智能角阀。

② 有只有一单间的面食加工店除使用2个15kg钢瓶外还藏有3个15kg钢瓶。还有些小餐饮使用50kg钢瓶。

③ 有些面食加工、早餐店将钢瓶拿到店面外，放在人行道上加工早点使用。

④ 有将液化石油气钢瓶放在楼梯下或密闭的房间内，并3个钢瓶连用。房间无窗、无排风、无燃气浓度检测报警装置。

⑤ 有将钢瓶角阀安装三通，一个安装中压调压器，另一个安装低压调压器，同时供中、低压灶具用气。

⑥ 用于连接钢瓶与燃气灶具的软管：有的使用普通塑料管、有的使用耐油橡胶软管，未更换为不锈钢波纹管；有的使用过长的软管；且在灶具下穿过；有的超期使用软管。

⑦ 软管有断口连接、有开口三通连接。曾检查出一烤饼店使用一个 15kg 钢瓶供 3 个灶具用气，连接的软管有 14 个接口。

⑧ 个别餐饮业使用的软管与调压器、燃具连接处是采用铁丝缠绕固定。

⑨ 有的用气厨房是无直接通外窗口的暗厨房，无自然通风。

⑩ 有将软管穿墙、穿隔断、置于烤炉下，还有在餐厅放置钢瓶用于食品加热。

⑪ 有将液化石油气管道沿墙敷设再埋地引至餐厅餐桌上燃烧器具。

⑫ 使用的调压器基本都没有熄火保护装置。

⑬ 用气场所基本都没有安装液化石油气浓度检测报餐器，有个别安装的还是天然气浓度检测报警器，安装高度在 1m 左右。

⑭ 有的用气厨房为敞开式厨房。

⑮ 有个别餐饮业将钢瓶放在热水盆中。

⑯ 有使用双气源的，使用瓶装液化石油气同时使用油炉，还有使用瓶装液化石油气同时使用煤炉的。

⑰ 有少数用完气后只关闭灶具阀不关钢瓶角阀。

⑱ 有些餐饮业使用的钢瓶、角阀、调压阀及软管油污严重。

⑲ 用气场所基本没有配置干粉灭火器。

⑳ 基本都没有与液化石油气灌装站或瓶装液化石油气供应站经营者签订供用气合同。

㉑ 瓶装液化石油气使用者未进行过液化石油气基本知识和安全使用教育培训。

㉒ 这些安全隐患必须发整改通知书，限期整改，否则不得营业或按有关法规进行处治。

商业使用瓶装液化石油气存在的一些安全隐患如图 6.1 所示。

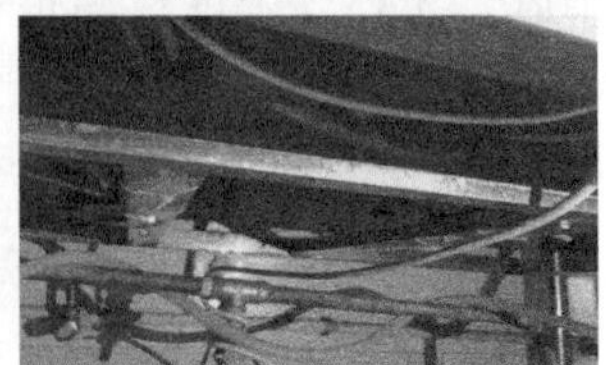

图 6.1 商业使用瓶装液化石油气存在的一些安全隐患

6.3 工业企业生产用气

6.3.1 工业企业生产用管道燃气安全检查

（1）工业企业生产用管道燃气安全检查要点

① 使用燃气厂房是否有足够的空间、换气门窗和天窗。

② 用气设备应安装在通风良好的专用厂房内。如特殊需要设置在地下室、半地下室或通风不良场所时，应按规范要求安装必要的紧急切断阀、报警器、机械排风等安全设施等。

③ 检查各用气车间的进口和燃气设备前的燃气管道上是否均单独设置阀门。

④ 检查管道、阀门是否完好，阀门启闭是否灵活、管架是否牢固、是否锈蚀及燃气泄漏。检查有无管道包覆、私拆私改、损坏燃气设施现象。

⑤ 检查在城镇低压和中压 B 供气管道上是否直接安装加压设备，当供气压力为中压 A 时应有进口压力过低保护装置。

⑥ 采用中压供气时，应按工艺要求及燃烧器具额定压力设置专用调压设施，检查调压设施能否正常工作。

⑦ 检查燃气管道是否穿越易燃或易爆的仓库、配电室、变电室、电缆沟、烟道和进风道等。

⑧ 检查调压器、燃气计量表、燃气用气设备是否安装在靠近配电盘、高压配电室和重要仓库地方。

⑨ 检查所有未接燃气设施的阀门是否加装盲板。

⑩ 检查燃气管道是否与热力管道、上下水管、电力电缆、通信电缆等管线同沟敷设，是否采取防护措施。

⑪ 使用燃气的厂房应安装燃气浓度检报警器和与之联动的自动切断阀。

⑫ 检查厂房内是否使用其他明火。

⑬ 检查用气设备的燃烧装置设有的安全设施是否符合规范规定。

⑭ 燃烧器应设有排烟设施，检查排烟道是否设置爆破门并符合消防和环保要求。

⑮ 检查干粉灭火器配置数量、存放及使用期限。

(2) 工业企业生产用管道燃气安全检查项目及检查内容

工业企业生产用管道燃气安全检查项目及检查内容见表 6.5。

表 6.5 工业企业生产用管道燃气安全检查项目及检查内容

单位名称： 检查日期： 年 月 日

序号	检查项目	检 查 内 容	检查结果
1	用气厂房	是否有足够的空间，是否配有换气门窗和天窗； 是否在地下、半地下或通风不良场所用气； 燃气引入管应设手动快速切断阀和紧急自动切断阀，用气设备应有熄火保护装置； 应设燃气浓度检测报警器、应设独立的机械送排风系统、房间应满足排除热力设备散失的多余热量； 电气设备应防爆、应有燃气监控、末端应设放散管	
		调压至生产用气燃烧器具输气管道均采用钢管； 需要连接燃烧器具的软管应采用不锈钢波纹管，连接应牢固严密	
		检查燃气管道是否穿越易燃或易爆的仓库、配电室、变电室、电缆沟、烟道、进风道及防火墙等； 检查燃气管道是否与热力管道、上下水管、电力电缆、通信电缆等管线同沟敷设，是否采取防护措施； 钢管应埋地敷设；钢管穿越墙、楼板处应加套管并采用防水材料密封； 检查所有未连接燃气设施的阀门是否都加装有盲板	

续表

序号	检查项目	检 查 内 容	检查结果
2	管道、阀门	燃气管道应设静电接地装置；管道法兰应跨接连接	
		管道应按规定涂色，管道上应标有燃气流向标识	
		燃气管道上应安装低压和超压报警以及紧急自动切断阀	
		用气设备燃气总阀门与燃烧器阀门之间应设置放散管； 燃气管道阀门与用气设备阀门之间应设放散管； 检查放散管、测压管前阀门设置； 检查放散管设置及放散口是否符合安全规定	
		检查钢管是否锈蚀，阀门启闭是否灵活	
		检查燃烧器的燃气接管上设置的阀门，每个机械鼓风的燃烧器上设置的阀门，阀门上应有启闭标记	
		燃气管道不得占压、附近不得有易燃易爆物品及有腐蚀性的气、液体	
3	调压、计量	检查调压装置、燃气计量表安装应符合规范要求，应完好无损、无异常； 调压器出口压力、流量应按生产用燃烧器额定压力、流量确定； 燃气计量表可与调压器同室布置，燃气计量表前应设有过滤器； 调压器出口宜设置具有过流切断功能装置	
		调压器、燃气计量表不得安装在不通风、无防爆设施的密闭建筑内	
		检查调压器、燃气计量表、燃气用气设备是否安装在靠近配电盘、高压配电室和重要仓库地方	
4	燃烧器	选用的燃烧器应是该燃气专用； 检查用气设备的燃烧装置的安全设施是否符合规范规定	
		电点火、燃烧器控制和电气通风装置应符合设计及相关规范要求	
		使用电器控制的所有用气设备，不得使用照明开关控制的电路	
		燃烧器应设有排烟设施，检查排烟道是否设置爆破门并符合消防和环保要求	
		烟道和封闭式炉膛，均应设置泄爆装置，泄爆装置的泄压口是否设在安全处	
		用气设备的烟囱设置、烟道的抽力应符合规范要求	
5	环境要求	用气设备应设置在通风良好的场所，还应设有机械排烟设施；设置用气设备的厂房有爆炸危险的部位应设置泄压设施	
		用气场所的门、窗应可向外开启	
		检查建站相关手续、消防部门审核合格意见书	
		检查安全管理制度、操作人员安全教育培训及上岗证	
		在同一用气场所内不得使用两种燃料，即双气源	

续表

序号	检查项目	检 查 内 容	检查结果
6	安全设施	设置燃气泄漏报警应与切断阀联锁，报警器不得超期，应保证正常使用； 紧急自动切断阀应设在用气场所的燃气入口总管上，宜设在室外	
		燃气浓度检测报警器与燃烧器或阀门水平距离、安装高度应按规定	
		燃气管道及用气设备、放散管的防雷、防静电设施应按规范设置并按期检验	
		设置用气设备的厂房不得堆放易燃易爆物，与使用其他明火有安全间距	
		应设有便携式可燃气体泄漏检测报警器	
		燃气使用后室内总阀及燃烧器阀应同时关闭，并应安全检查、做好记录	
		应按规范要求配备干粉灭火器、存放及检查使用期限	
		工业企业生产用气不得将燃气用作生产原料	

检查结果：

整改意见：

被检查单位负责人签字： 检查人签名：

6.3.2 工业企业生产用液化石油气安全检查

（1）工业企业生产用液化石油气安全检查要点

液化石油气价高且价格波动较大，因此工业企业生产用气不多。凡是有具备管道天然气使用条件的工业企业均使用管道天然气，是使用燃气管网气还是接专用管道供气，这应根据供气条件、用气压力、用气量确定。另外还可单独设置压缩天然气减压站或液化天然气汽化站供气。

如使用液化石油气供工业企业生产使用，由于用气量大又需供气稳定，最小供气规模也需建设瓶组汽化站，采用瓶组汽化站气瓶供气，瓶组汽化供工业企业生产用液化石油气安全检查要点如下。

根据用气量瓶组汽化可采用自然汽化方式或强制汽化方式供气，依不同供气方式进行安全检查。

① 瓶组汽化间是毗邻建还是单独建；检查四周围墙设置及安全设施。

② 检查独立瓶组间与建、构筑物的防火间距是否符合规范要求。

③ 检查瓶组汽化间耐火等级应不低于二级，门窗是否可以外开、通风防爆

是否符合规范要求。

④ 瓶组汽化间不得设置在地下室和半地下室内。

⑤ 检查汽化器配置是否合理。

⑥ 检查用气厂房条件、是否有足够的空间、是否有换气门窗和天窗。

⑦ 检查管道敷设及附件配置是否符合规范要求，有否腐蚀和泄漏。

⑧ 检查用气安全性，是否有安全用气保护设施，如泄漏报警、排风、安全放散及紧急切断等。

⑨ 干粉灭火器配置数量、存放及使用期限。

⑩ 检查瓶组汽化安全管理制度和安全用气制度等。员工应经安全教育培训持证上岗。

（2）工业企业生产用液化石油气安全检查项目及检查内容

工业企业生产用液化石油气安全检查项目及检查内容见表6.6。

表6.6　工业企业生产用液化石油气安全检查项目及检查内容

单位名称：　　　　　　　　　　　　　　　　　　　　检查日期：　年　月　日

序号	检查项目	检　查　内　容	检查结果
1	瓶组汽化	瓶组汽化间与外墙毗邻或单层专用房间防火间距应符合规范要求； 建筑物耐火等级不应低于二级，地面应采用撞击时不产生火花的材料； 门、窗应向外开，通风良好；与其他房间相邻的墙应无门、窗防火墙； 室温不高于45℃，且不低于0℃； 应配置燃气浓度检测报警器； 钢瓶总容积应按规定设置	
		使用50kg两相钢瓶，瓶上应设置可识别的标识码（溯源码）的钢瓶，应使用具有可追溯二维码智能角阀	
		不得使用未检钢瓶、过期钢瓶或有缺陷报废钢瓶 钢瓶瓶体上应标有下次检验日期	
		瓶组汽化间不得设置在地下室或半地下室、有易燃易爆物品堆积的房间及有腐蚀介质的房间等	
		瓶组汽化间钢瓶放置应符合规范要求，钢瓶应直立	
		应与钢瓶供应企业站应签订供用气合同； 新灌装实瓶应有验收、安全检查制度及记录	
		在瓶组汽化间不得有其他燃料	
		液化石油气瓶组汽化，可选用自然汽化或强制汽化供气； 汽化器进、出口应设置就地和远传显示的温度计和压力表，对选用容积式的汽化器还应设置直观式液位计；汽化器上应设置安全阀；	

续表

序号	检查项目	检查内容	检查结果
		调压器出口压力、流量应按生产用燃烧器额定压力、流量确定； 调压器出口宜设置具有过流切断功能装置； 检查汽化器、调压器、流量计及控制仪表的使用	
		瓶组汽化间防雷设计应符合“第二类防雷建筑物”的有关规定	
2	管道、阀门	钢瓶组、汽化器、调压至生产用气燃烧器具输气管道均采用钢管； 连接钢瓶和燃烧器具的软管应采用不锈钢波纹管，连接应牢固严密	
		钢管应埋地敷设。钢管穿墙、楼板处应加套管并采用防水材料密封	
		燃气管道应设静电接装置；管道法兰应跨接连接	
		管道应按规定涂色，管道上应标有燃气流向标识	
		燃气管道上应安装低压和超压报警设备以及紧急自动切断阀	
		用气设备燃气总阀门与燃烧器阀门之间应设置放散管； 燃气管道阀门与用气设备阀门之间应设放散管； 检查放散管、测压管前阀门设置； 检查放散管设置及放散口是否符合安全规定	
		检查钢管是否锈蚀，阀门启闭是否灵活	
		检查燃烧器的燃气接管上设置的阀门，阀门上应有启闭标记； 检查每个机械鼓风的燃烧器上设置的阀门，阀门上应有启闭标记	
3	燃烧器	选用的燃烧器应是液化石油气专用	
		检查排烟囱设置及烟气余热回收利用装置	
		烟道和封闭式炉膛，均应设置泄爆装置，泄爆装置的泄压口是否设在安全处	
		用气设备的烟囱设置、烟道的抽力应符合规范要求	
4	环境要求	用气设备应设置在通风良好的场所，应设有机械排烟设施	
		用气场所应有可向外开启的门、窗	
5	安全设施	检查建站相关手续、消防部门审核合格意见书	
		检查安全管理制度、操作人员安全教育培训及上岗证	
		在同一用气场所内不得使用两种燃料，即双气源	
		设置燃气泄漏报警应与切断阀联锁，报警器不得超期，应保证正常使用	
		燃气浓度检测报警器与燃烧器或阀门水平距离、安装高度应符合规定	
		应配备干粉灭火器	
		瓶组汽化间不得堆放易燃易爆物品，使用其他明火需保证安全间距	
		应设有便携式可燃气体泄漏检测报警器	
		燃气使用后钢瓶角阀及燃烧器阀应同时关闭，并应安全检查、做好记录	

续表

序号	检查项目	检 查 内 容	检查结果
5	安全设施	严禁瓶组与燃气燃烧器具布置在同一房间内	
		工业企业生产用气不得将瓶装液化石油气用作生产原料	

检查结果：

整改意见：

被检查单位负责人签字：　　　　检查人签名：

第7章 燃气使用设置安全防护设施

7.1 燃气灶

7.1.1 燃气灶及选用

（1）燃气灶

燃气灶是指以人工煤气、液化石油气、天然气等气体燃料进行直火加热的厨房用具，有时称为燃气灶具、燃气燃烧器具、燃具、灶具，还有时称为炉具。

按气源燃气灶分为：煤气灶、液化石油气灶、天然气灶。

按灶眼分为：单眼灶、双眼灶和多眼灶。

（2）燃气灶选用

燃气灶选用必须要选用与实际使用的气源相匹配，即人工煤气应选用人工煤气专用灶、液化石油气选用液化石油气专用灶、天然气选用天然气专用灶，燃具铭牌上标示的燃气类别应与供应的燃气类别一致，购买时千万不能购错。

现国家已经规定，使用的燃气灶必须带有自动熄火保护装置，在购置时一定要问清是否配置。

（3）燃气灶不得通用

燃气灶火嘴口径及燃气灶使用压力，对于不同燃气是不相同的。

7.1.2 燃气灶分类

居民常用的燃气灶有台式燃气灶和嵌入式燃气灶两种。台式燃气灶没有嵌入式燃气灶美观，但因进风等原因，台式燃气灶的热效率一般要高于嵌入式燃气灶。台式燃气灶热效率一般在55%，嵌入式燃气灶热效率一般在50%。

无论是选用台式燃气灶还是嵌入式燃气灶都应有熄火保护装置。

7.2 设置安全防火设施

7.2.1 家用燃气灶具熄火保护装置

现行国家规范GB 55009《燃气工程项目规范》中规定，家庭用户的燃具应设置熄火保护装置。燃具铭牌上标示的燃气类别应与供应的燃气类别一致。使用不带熄火保护的燃具属于重大安全隐患，必须整改。

家庭用户燃具熄火保护装置能够检测燃具的意外熄火状态，如被风吹灭、被汤水等浇灭，并自动将阀门关闭，可以避免引起燃气泄漏，从而避免火灾事故的发生。现市场上销售的灶具上安装的熄火保护装置有热电偶熄火保护和离子感应熄火保护两种，两者工作原理不同。

（1）热电偶熄火保护装置

热电偶熄火保护装置的原理是运用了金属的物理属性，即采用温差式感应，因为金属的导热性能非常好，而燃气燃烧会释放热量，燃气熄灭后金属温度骤然下降，当实际温差低于设定的温度时，通过热电偶熄火装置感受后对燃气灶进行保护动作，会立即关闭阀门，切断气源，这个反应一般需0.5min。热电偶熄火保护装置如图7.1所示。

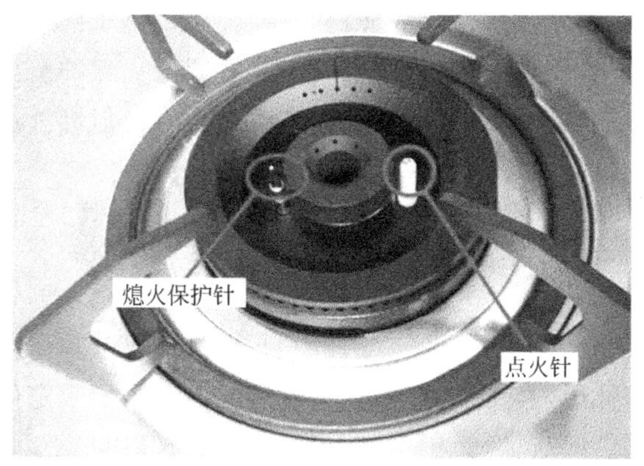

图7.1 热电偶熄火保护装置

热电偶熄火保护装置的特点是阀门开启要靠旋钮带动，安全有效，成功率非常高，但也存在热电偶易老化，使用久了可能造成并未达到限定温差火就熄灭，影响正常使用的情况。而且，该装置反应时间过长，技术敏感性较差，在燃用时可能会发生意外。

（2）离子感应熄火保护装置

离子感应熄火保护装置的原理是运用火焰的光电属性，即一旦感应到没有燃气燃烧产生的火焰，离子感应熄火保护装置就会自动做出判断，将燃气灶具阀门关闭。因为光电的消失与产生在瞬间，所以离子感应熄火保护装置极为灵敏，能在 0.1s 内做出判断而迅速关闭阀门，整个过程的持续时间不会超过 5s。现离子感应熄火保护装置是点火针和感应针合二为一，即燃气灶具自动熄火保护装置和离子感应熄火保护装置，如图 7.2 所示。

图 7.2　燃气灶具自动熄火保护装置和离子感应熄火保护装置

离子感应熄火保护装置是通过旋动按钮打开燃气通道，同时完成点火，并持续供气燃烧。当发生火焰熄灭时，阀门会自动关闭。离子感应熄火保护装置技术更为成熟，没有老化现象，但售价要略高于热电偶熄火保护装置。离子感应熄火保护装置因为非常敏感，如自然风稍将火焰吹离感应针但燃气灶并未熄灭，感应装置同样会做出反应关闭阀门，这样就必须重新点火。

7.2.2　管道燃气自闭阀及特点

现行国家标准 GB 55009《燃气工程项目规范》第 6.1.9 条：家庭用户管道应设置当管道压力低于限定值或连接灶具管道的流量高于限定值时能够切断向灶具供气的安全装置。即从 2022 年 1 月 1 日起要求燃气用户必须安装燃气自闭阀。

（1）自闭阀

管道燃气自闭阀（又称管道燃气安全自闭阀，简称自闭阀），是安装于低压燃气系统管道上，当管道供气压力出现欠压、超压时，不用电或其他外部动力，能自动关闭并须手动开启的装置。安装在燃气表后管道末端与软管连接处的自闭阀应具备失压关闭的功能，即自闭阀连接的软管不慎脱落时，自闭阀会立即自动关闭。管道燃气自闭阀如图 7.3 所示。

图 7.3　管道燃气自闭阀

（2）自闭阀关闭

自闭阀对供气输配系统具有自动检测作用，下列问题也可导致自闭阀关闭、停气：第三方挖断供气管道。

（3）人工复位

当供气恢复正常时，自闭阀必须经手动提拉复位钮后，方可正常通气使用，否则始终保持关闭状态。

7.2.3　燃气浓度检测报警器及安装

燃气浓度检测报警器又称可燃气体泄漏报警器、燃气泄漏报警器、可燃气体报警装置，简称燃气报警器。

2021 年 11 月 24 日国务院安全生产委员会（以下简称“国务院安委会”）印发《全国城镇燃气安全排查整治工作方案》，再次重申对餐饮等公共场所的燃气隐患做重点排查，其中“不安装燃气泄漏报警器或安装位置不正确”是重点排查项目之一。

2022 年 2 月 14 日，在国务院举办的政策例行吹风会上，针对近年来燃气事故频发现象，应急管理部安全协调司负责人介绍相关防范举措时指出：要加强对燃气等城市生命线的监测预警能力建设，特别是要督促餐饮等行业生产经营单位，要让所有单位在“十四五”期间力争安装燃气泄漏报警装置。

对于居民用气户，为保障用气安全应安装燃气浓度检测报警器，将燃气泄漏事故扼杀在萌芽中。

《中华人民共和国安全生产法》第三十六条中规定：餐饮等行业的生产经营单位使用燃气的，应当安装可燃气体报警装置，并保障其正常使用。现有不少餐饮商户使用燃气时未安装燃气浓度检测报警器，这违反了此条规定，应通知在规定时间内整改。如在限期内仍不安装燃气浓度检测报警器应给予相应处罚。

（1）燃气报警器

燃气报警器就是燃气浓度检测报警仪器（装置）。当环境中发生燃气泄漏，燃气报警器检测到燃气浓度达到爆炸或中毒的临界点时，就会发出报警信号，以提醒工作人员或用户采取安全措施。

燃气报警器可安装驱动风机、切断装置、喷淋系统，以防止燃气泄漏发生燃烧爆炸、中毒事故，从而保证安全生产和安全用气。

根据燃气性质，用于城镇燃气的报警器有：人工煤气专用的人工煤气报警器、液化石油气专用的液化石油气报警器、天然气专用的天然气报警器，在选用时千万不能选错。

（2）报警器安装

报警器应安装在燃气使用场所。必须注意的是：人工煤气和天然气比空气密度小，一旦泄漏会扩散在空中，故浓度检测报警器应安装在棚下 30cm 处，而液化石油气比空气密度大，泄漏的液化石油气会聚集在地面低洼处，故浓度检测报警器应安装在距地面 30cm 处。天然气（含人工煤气）、液化石油气报警器及安装示意如图 7.4 所示。

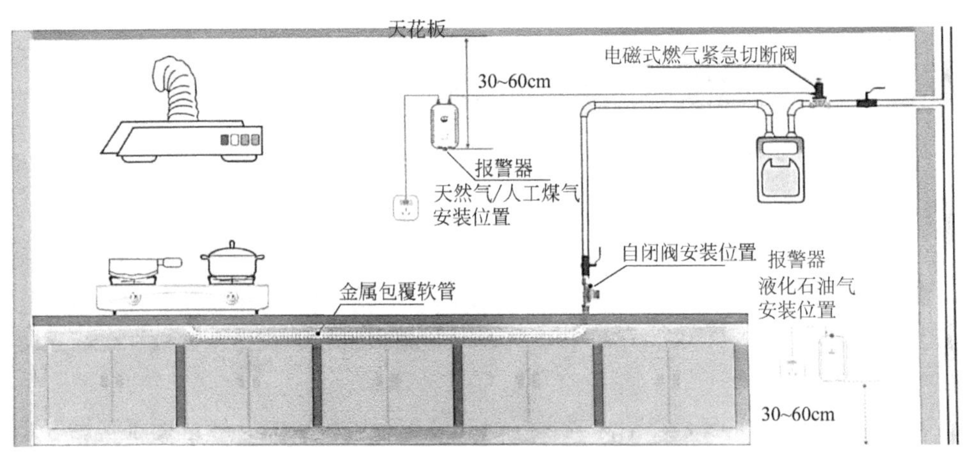

图 7.4　天然气（含人工煤气）、液化石油气报警器及安装示意

7.2.4　燃气泄漏报警自动切断系统及燃气管道用紧急电磁切断阀

当燃气泄漏报警器联动电磁阀、排风扇等设备，一旦发生燃气泄漏会及时关阀切断气源将泄漏燃气排出室外，保障使用人员生命安全和财产不受损失。

（1）燃气泄漏报警自动切断系统

当燃气泄漏超过安全标准时，燃气报警器除立即发出现场的声光报警外，还发出信号同步控制电磁阀切断气源，不管现场有人无人，都能将燃气泄漏事故终止。

（2）燃气管道紧急电磁切断阀

是用来预防燃气泄漏的安全装置。燃气紧急切断阀有家用型和商业/工业用型两种。

家用型燃气管道紧急电磁切断阀与家用燃气报警器配合使用，适用于家庭厨房中的燃气管道，可以杜绝因燃气泄漏造成中毒及爆炸事故的发生。燃气管道用紧急电磁切断阀一般安装于户内燃气表前的管道上，应由燃气公司负责安装和管理。正常通气时阀门处于常开状态，当燃气管道或设备出现泄漏且与空气混合即将达到爆炸下限时，报警器向切断阀输出 12V 直流脉冲信号，使切断阀迅速关闭切断气源，从而防止事故的发生，确保居民生命财产安全。

商业/工业用型燃气管道紧急电磁切断阀主要用于有标准、规范要求的商业和工业用气场所的低压燃气管道上，如餐饮业等公共建筑内厨房、高层建筑总进气管、燃气锅炉房、直燃机房、设备层、计量间、工厂专用燃气区域及场站等。它主要与商业/工业燃气泄漏报警器、消防报警系统或其他安全控制系统配套使用，通过联动控制，实现紧急切断气源，避免因燃气泄漏可能造成的燃气燃烧爆炸事故。为安全起见及有关规范要求，阀门控制应备有备用电源。

7.2.5 连接软管

现行国家标准 GB 55009—2021《燃气工程项目规范》第 6.1.7 条：当家庭用户管道或液化石油气钢瓶调压器与燃具采用软管连接时，应采用专用燃具连接软管；软管的使用年限不应低于燃具的判废年限。

现行国家标准 GB 17905—2008《家用燃气燃烧器具安全管理规则》中规定的燃具判废年限：燃具从出售当日起，使用人工煤气的快速、容积式热水器的判废年限应为 6 年；使用液化石油气和天然气的快速、容积式热水器判废年限应为 8 年；燃气灶具的判废年限应为 8 年，如生产企业有明示的，应以企业明示为准，但不应低于以上的规定年限。

根据 GB 55009—2021 和 GB 17905—2008 的规定，软管使用寿命必须在 8 年以上。橡胶软管使用年限仅为 1.5 年，应予淘汰。从 2022 年 1 月 1 日起应使用不锈钢波纹管。

不锈钢波纹管与橡胶软管比有如下优点：

① 耐高温。不锈钢管体耐高温，火焰炙烤仅会影响外包覆 PVC 防护层，而橡胶软管不耐高温。

② 耐腐蚀。不锈钢波纹管，能耐一般常见的腐蚀性液体和气体，且外包覆的 PVC 防护层也有抗腐蚀性。

③ 抗老化。橡胶软管在自然条件下会发生变硬、变脆、龟裂、断裂等老化现象，还会被老鼠咬；而不锈钢波纹管不会。

④ 防脱落。不锈钢波纹管通常是采用螺纹丝扣连接，可防止发生意外脱落。

⑤ 寿命长。不锈钢波纹管使用寿命在 8 ～ 10 年，而橡胶软管使用寿命在 1.5 年。虽然不锈钢波纹管的价格高于橡胶软管，但因使用寿命长，综合计算其总价还较橡胶软管便宜。

⑥ 易安装。不锈钢波纹管是采用丝扣连接，安装简便快捷，严密性好，且不需管卡（喉箍）固定。

燃气用具连接用橡胶软管如图 7.5 所示，燃气用具连接用不锈钢波纹管如图 7.6 所示。

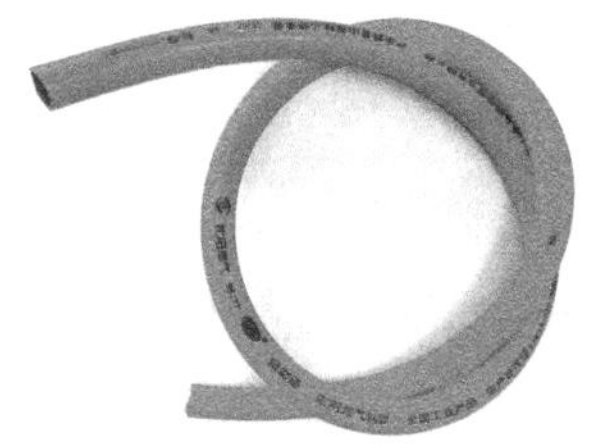

图 7.5　燃气用具连接用橡胶软管

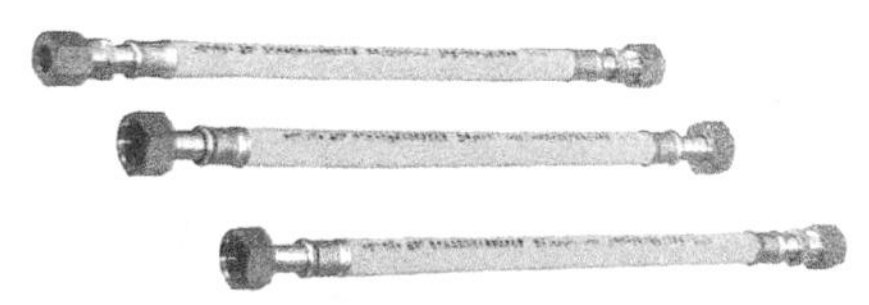

图 7.6　燃气用具连接用不锈钢波纹管

7.2.6　暗厨房及开放式厨房

（1）暗厨房

用于准备食物并进行烹饪、无直通室外门和窗的厨房为地上暗厨房。暗厨房一般面积较小，会因空气不足使燃气不完全燃烧，废气排放也困难，对燃具的使用者构成潜在危害。根据现行国家标准 GB 50096《住宅设计规范》的有关规定：卧室、起居室（厅）、厨房应有直接天然采光，应有自然通风，暗室作为厨房使用时不可使用燃气。但考虑到历史遗留的这部分居民生活质量的提高，对暗厨房（或小厨房）已有燃气或需安装燃气设施的，为保证用气安全，应按现行国家标准 GB 50028《城镇燃气设计规范（2020 版）》的规定：厨房为地上暗厨房（无直通室外的门和窗）时，应选用带有自动熄火保护装置的燃气灶，并应设置燃气浓度检测报警器、自动切断阀和机械通风设施，燃气浓度检测报警器应与自动切断阀和机械通风设施联锁。为确保用气安全，燃气供应企业应加强对燃气用户安全措施的管理和维护。

考虑到燃气的使用安全，新建的暗厨房如果不符合现行国家标准 GB 55009、GB 50096、GB 50028 中对厨房的规定要求，应禁止安装燃气设施。

（2）开放式厨房

随着经济发展和人们生活水平的提高，开放式厨房（又称敞开式厨房）近几年已在居民住宅中兴起。由于开放式厨房没有门窗与其他房间隔断，一旦发生燃气泄漏会迅速扩散到整个房间，一旦遇到明火，产生的破坏力及影响范围将大大高于有门窗隔断的厨房。另外厨房在爆炒煎炸时产生的油烟会蔓延到整个卧室及客厅，不利于身体健康。

现行标准 GB 50028—2006 中第 10.4.4 条明确规定：燃气灶应安装在自然通风和自然采光的厨房内；利用卧室的套间（厅）或利用与卧式连接的走廊作厨房时，厨房应设门并与卧室隔开。现行国家标准 GB 55009—2021 中第 5.3.3 条明确规定：用户燃气管道及附件应结合建筑物的结构合理布置，并应设置在便于安装、检修的位置，不得设置在卧室、客厅等人员居住和休息的房间。GB 55009—2021 第 6.2.1 条明确规定：商业燃具或用气设备应设置在通风良好、符合安全使用条件且便于维护操作的场所，并应设置燃气泄漏报警和切断等安全装置。现行行业标准 CJJ 12—2013《家用燃气燃烧器具安装及验收规程》中第 4.1.1 条明确规定：燃具应安装在通风良好，有给排气条件的厨房或非居住房间内。同时，CJJ 12—2013 第 4.2.1 条规定：设置灶具的厨房应设门并与卧室、起居室等隔开。由此可见，开放式厨房不符合燃气安全规范要求，是不可使用燃气的，如使用燃气会存在很多安全隐患。

开放式厨房如要安装燃气，为保障用气安全，必须采取下列安全措施：

① 应与卧室或客厅之间设置不燃烧实体隔墙和门，也可做成玻璃墙及推拉门。

② 开放式厨房内只能使用一种燃气。

③ 开放式厨房内除使用燃气灶具和平衡式热水器外，不得再使用其他灶具。

④ 应选用带有自动熄火保护装置的燃气灶，并采取有效的烟气排除措施。

⑤ 燃气灶具前的接管上应设置燃气过流、超压等安全切断装置。

⑥ 开放式厨房内应设置燃气浓度检测报警器并与自动切断阀和机械通风设施联锁。

⑦ 厨房内宜设置烟感探测报警器。

第8章

安全隐患整改、专项整治与燃气事故法律责任

8.1 安全隐患整改及整治

8.1.1 整改

整改是指针对安全检查中发现的问题和通过各种渠道查找出来的问题，经分类、分工后，进行全面整治和改进。有的当场可以改或很快就可改好；有的比较复杂，也比较麻烦，还需提供依据，以书面形式通知相关单位整改内容、要求、完成时间等。

燃气安全检查应由所在地应急管理局、住建、公安、消防、交通、城管、市场监督、社区等部门联合组织，燃气经营者参加。根据各类场站、燃气管道管网、不同用气户，按现行国家标准或行业标准有关规定，对所检出的安全隐患，应急管理局执法人员可当场开具责令整改通知书，应要求在规定的时间内按整改内容进行整改。将燃气生命线的风险能够做到“能监测、会预警、快处置”。

对于燃气安全，2022 年 2 月 14 日，国务院举办政策例行吹风会上，针对近年来燃气事故频发现象，应急管理部安全协调司负责人介绍了相关防范举措。在燃气方面，负责人表示，近期燃气事故比较多发，“十四五”期间，一是要加大投入，改造老旧管道，对“十四五”期间燃气的老旧管道进行更新改造，现在初步的数据是 10 万公里左右；二是加强对燃气等城市生命线的监测预警能力建设，特别是要督促餐饮等行业生产经营单位，要让所有单位在“十四五”期间力争安

装燃气泄漏报警装置；三是加大安全宣传教育，主要是通过运用主流媒体，开展公益广告普及和宣传。通过这些宣传加强事故警示教育，推动燃气从业人员提升安全履职能力，推动燃气用户提升安全用气技能，推动社会公众提升公共安全意识。

8.1.2 整治

（1）主要工作任务

根据安委〔2021〕9号文件《国务院安全生产委员会关于印发〈全国城镇燃气安全排查整治工作方案〉的通知》，对城镇燃气安全专项整治提出如下工作任务：

第一，严厉整治燃气有关企业安全准入不严格问题。

第二，严厉整治燃气工程转包和非法分包等问题。

第三，严厉整治燃气有关企业主体责任不落实问题。

第四，严厉整治燃气管道设施维护保养不到位问题。

第五，严厉整治瓶装液化石油气领域突出问题。

第六，严厉整治生产销售不符合安全标准燃气具问题。

第七，严厉整治不按规定安装燃气泄漏报警器等问题。

第八，严厉整治燃气经营企业入户安检流于形式问题。

第九，严厉整治燃气经营企业应急预案不落实问题。

第十，严厉整治燃气安全监管执法宽松软问题。

（2）着力整治六个方面的安全风险和重大隐患

2021年12月，国务院安委会部署在全国范围内开展为期一年的城镇燃气安全排查整治工作，指出排查整治工作应聚焦六个方面：

一是全面排查整治燃气经营安全风险和重大隐患。重点对燃气相关企业安全生产条件、资质证照等进行排查整治，对不符合条件的严格依法予以取缔或吊销资质证照，加快淘汰一批基础差、安全管理水平低的企业。

二是全面排查整治餐饮等公共场所燃气安全风险和重大隐患。重点排查整治燃气管道被违规占压、穿越密闭空间，气瓶间不符合要求，使用不合格的“瓶灶管阀”，不安装燃气泄漏报警器等隐患。

三是全面排查整治老旧小区燃气安全风险和重大隐患。重点排查整治小区内违规设置非法储存充装点，居民用户擅自安装、改装、拆除户内燃气设施，室内管道严重锈蚀等隐患。

四是全面排查整治燃气工程安全风险和的重大隐患。重点排查整治未按规定将燃气工程纳入工程质量安全监管、未依法进行特种设备施工前告知和安装监督检验等问题。对无资质或超越资质等级承揽燃气工程施工的，坚决予以处罚并清退。

五是全面排查整治燃气管道设施安全风险和重大隐患。重点排查整治易导致重特大事故的老旧管道带病运行、高中压管道被占压、燃气场站设施安全间距不符合要求等突出问题隐患。

六是全面排查整治燃气具等燃气源头安全风险和重大隐患，严禁生产和销售不符合安全标准的燃气具、燃气泄漏报警器。

国务院安委会强调，各地区、各有关部门和单位要高度重视，主要负责同志要亲自部署、加强统筹，层层压实责任。各地区燃气行业管理部门要严格履行行业监管责任，牵头会同市场监管、公安、交通、商务、消防等部门建立齐抓共管工作机制。要严格规范开展燃气安全执法，坚决防止执法“宽松软”，对企业主要负责人不落实安全生产责任的要重点执法，依法严惩一批非法违法行为、排查治理一批重大安全隐患、关闭取缔一批违法违规和不符合安全生产条件的企业、联合惩戒一批严重失信市场主体。要加强督导考核，对因工作不力导致整治进展滞后、整治责任不落实、重大问题悬而未决的，坚决依法依纪严肃问责。要加强宣传教育，广泛动员基层组织和新闻媒体，加强面向社会公众的常态化安全宣传和警示教育，普及燃气安全检查、应急处置等基本知识。

8.2 燃气事故法律责任

随着国家城镇化建设的加快，燃气已经成为每个家庭生活的必需品。但燃气管道违章占压、设备老化、施工第三方破坏、无证经营、燃气使用不当等因素，造成燃气事故频繁发生，严重危害人民生命财产安全，危害社会公共安全和公共利益。为了规范燃气使用行为，保障人民群众利益，对多次违法和事故频发的企业（单位）及相关负责人、从业人员，应依照法律、法规严肃责任追究。构成犯罪的，应依照刑法有关规定追究刑事责任。对于造成燃气事故的责任人可按刑法、相关法律法规依法进行追究。

8.2.1 刑法

《中华人民共和国刑法》中对造成燃气事故的责任人追究刑事责任条文有：

第一百一十八条　【破坏电力设备罪】【破坏易燃易爆设备罪】破坏电力、燃气或者其他易燃易爆设备，危害公共安全，尚未造成严重后果的，处三年以上十年以下有期徒刑。

第一百一十九条　【破坏交通工具罪】【破坏交通设施罪】【破坏电力设备罪】【破坏易燃易爆设备罪】破坏交通工具、交通设施、电力设备、燃气设备、易燃易爆设备，造成严重后果的，处十年以上有期徒刑、无期徒刑或者死刑。

【过失损坏交通工具罪】【过失损坏交通设施罪】【过失损坏电力设备罪】【过失损坏易燃易爆设备罪】过失犯前款罪的，处三年以上七年以下有期徒刑；情节较轻的，处三年以下有期徒刑或者拘役。

第一百三十四条　【重大责任事故罪】在生产、作业中违反有关安全管理的规定，因而发生重大伤亡事故或者造成其他严重后果的，处三年以下有期徒刑或者拘役；情节特别恶劣的，处三年以上七年以下有期徒刑。

【强令违章冒险作业罪】强令他人违章冒险作业，或者明知存在重大事故隐患而不排除，仍冒险组织作业，因而发生重大伤亡事故或者造成其他严重后果的，处五年以下有期徒刑或者拘役；情节特别恶劣的，处五年以上有期徒刑。

第一百三十六条　【危险物品肇事罪】违反爆炸性、易燃性、放射性、毒害性、腐蚀性物品的管理规定，在生产、储存、运输、使用中发生重大事故，造成严重后果的，处三年以下有期徒刑或者拘役；后果特别严重的，处三年以上七年以下有期徒刑。

第一百三十七条　【工程重大安全事故罪】建设单位、设计单位、施工单位、工程监理单位违反国家规定，降低工程质量标准，造成重大安全事故的，对直接责任人员，处五年以下有期徒刑或者拘役，并处罚金；后果特别严重的，处五年以上十年以下有期徒刑，并处罚金。

8.2.2　安全生产法

《中华人民共和国安全生产法》（2021 年第三次修正）对使用燃气餐饮业未安装可燃气体报警装置又不整改罚款依据条文有：

第九十二条　承担安全评价、认证、检测、检验职责的机构出具失实报告的，责令停业整顿，并处三万元以上十万元以下的罚款；给他人造成损害的，依法承担赔偿责任。

承担安全评价、认证、检测、检验职责的机构租借资质、挂靠、出具虚假报告的，没收违法所得；违法所得在十万元以上的，并处违法所得二倍以上五倍以下的罚款，没有违法所得或者违法所得不足十万元的，单处或者并处十万元以上二十万元以下的罚款；对其直接负责的主管人员和其他直接责任人员处五万元以上十万元以下的罚款；给他人造成损害的，与生产经营单位承担连带赔偿责任；构成犯罪的，依照刑法有关规定追究刑事责任。

对有前款违法行为的机构及其直接责任人员，吊销其相应资质和资格，五年内不得从事安全评价、认证、检测、检验等工作；情节严重的，实行终身行业和职业禁入。

第九十三条　生产经营单位的决策机构、主要负责人或者个人经营的投资人不依照本法规定保证安全生产所必需的资金投入，致使生产经营单位不具备安全生产条件的，责令限期改正，提供必需的资金；逾期未改正的，责令生产经营单位停产停业整顿。

有前款违法行为，导致发生生产安全事故的，对生产经营单位的主要负责人给予撤职处分，对个人经营的投资人处二万元以上二十万元以下的罚款；构成犯罪的，依照刑法的有关规定追究刑事责任。

第九十四条　生产经营单位的主要负责人未履行本法规定的安全生产管理职责的，责令限期改正，处二万元以上五万元以下罚款；逾期未改正的，处五万元以上十万元以下罚款，责令生产经营单位停产停业整顿。

生产经营单位的主要负责人有前款违法行为，导致发生生产安全事故的，给予撤职处分；构成犯罪的，依照刑法有关规定追究刑事责任。

生产经营单位的主要负责人依照前款规定受刑事处罚或者撤职处分的，自刑罚执行完毕或者受处分之日起，五年内不得担任任何生产经营单位的主要负责人；对重大、特别重大生产安全事故负有责任的，终身不得担任本行业生产经营单位的主要负责人。

第九十五条　生产经营单位的主要负责人未履行本法规定的安全生产管理职责的，导致发生生产安全事故的，由应急管理部门依照下列规定处以罚款：

（一）发生一般事故的，处上一年年收入百分之四十的罚款；

（二）发生较大事故的，处上一年年收入百分之六十的罚款；

（三）发生重大事故的，处上一年年收入百分之八十的罚款；

（四）发生特别重大事故的，处上一年年收入百分之一百的罚款。

第九十六条　生产经营单位的其他负责人和安全管理人员未履行本法规定的安全生产管理职责的，责令限期改正，处一万元以上三万元以下的罚款；导致发生生产安全事故的，暂停或者吊销其与安全生产有关的资格，并处上一年年收入百分之二十以上百分之五十以下的罚款；构成犯罪的，依照刑法有关规定追究刑事责任。

第九十七条　生产经营单位有下列行为之一的，责令限期改正，处十万元以下的罚款；逾期未改正的，责令停产停业整顿，并处十万元以上二十万元以下的罚款，对其直接负责的主管人员和其他直接责任人员处二万元以上五万元以下的罚款：

（一）未按照规定设置安全生产管理机构或者配备安全生产管理人员、注册安全工程师的；

（二）危险物品的生产、经营、储存、装卸单位以及矿山、金属冶炼、建筑施工、运输单位的主要负责人和安全生产管理人员未按照规定经考核合格的；

（三）未按照规定对从业人员、被派遣劳动者、实习学生进行安全生产教育和培训，或者未按照规定如实告知有关的安全生产事项的；

（四）未如实记录安全生产教育和培训情况的；

（五）未将事故隐患排查治理情况如实记录或者未向从业人员通报的；

（六）未按照规定制定生产安全事故应急救援预案或者未定期组织演练的；

（七）特种作业人员未按照规定经专门的安全作业培训并取得相应资格，上岗作业的。

第九十九条　生产经营单位有下列行为之一的，责令限期改正，处五万元以下的罚款；逾期未改正的，处五万元以上二十万元以下的罚款；对其直接负责的主管人员和其他直接责任人员处一万元以上二万元以下的罚款；情节严重的，责令停产停业整顿；构成犯罪的，依照刑法有关规定追究刑事责任：

（一）未在有较大危险因素的生产经营场所和有关设施、设备上设置明显的安全警示标志的；

（二）安全设备的安装、使用、检测、改造和报废不符合国家标准或者行业标准的；

（三）未对安全设备进行经常性维护、保养和定期检测的；

（四）关闭、破坏直接关系生产安全的监控、报警、防护、救生设备、设施，或者篡改、隐瞒、销毁其相关数据、信息的；

（五）未为从业人员提供符合国家标准或者行业标准的劳动防护用品的；

（六）危险物品的容器、运输工具，以及涉及人身安全、危险性较大的海洋石油开采特种设备和矿山井下特种设备未经具有专业资质的机构检测、检验合格，取得安全使用证或者安全标志，投入使用的；

（七）使用应当淘汰的危及生产安全的工艺、设备的；

（八）餐饮等行业的生产经营单位使用燃气未安装可燃气体报警装置的。

第一百条　未经依法批准，擅自生产、经营、运输、储存、使用危险物品或者处置废弃危险物品的，依照有关危险物品安全管理的法律、行政法规的规定予以处罚；构成犯罪的，依照刑法有关规定追究刑事责任。

第一百零一条　生产经营单位有下列行为之一的，责令限期改正，处十万元以下的罚款；逾期未改正的，责令停产停业整顿，并处十万元以上二十万元以下的罚款，对其直接负责的主管人员和其他直接责任人员处二万元以上五万元以下的罚款；构成犯罪的，依照刑法有关规定追究刑事责任：

（一）生产、经营、运输、储存、使用危险物品或者处置废弃危险物品，未建立专门安全管理制度、未采取可靠的安全措施的；

（二）对重大危险源未登记建档，未进行定期检测、评估、监控，未制定应急预案，或者未告知应急措施的；

（三）进行爆破、吊装、动火、临时用电以及国务院应急管理部门会同国务院有关部门规定的其他危险作业，未安排专门人员进行现场安全管理的；

（四）未建立安全风险分级管控制度或者未按照安全风险分级采取相应管控措施的；

（五）未建立事故隐患排查治理制度，或者重大事故隐患排查治理情况未按照规定报告的。

第一百零二条　生产经营单位未采取措施消除事故隐患的，责令立即消除或者限期消除，处五万元以下的罚款；生产经营单位拒不执行的，责令停产停业整顿，对其直接负责的主管人员和其他直接责任人员处五万元以上十万元以下的罚款；构成犯罪的，依照刑法有关规定追究刑事责任。

第一百零八条　违反本法规定，生产经营单位拒绝、阻碍负有安全生产监督管理职责的部门依法实施监督检查的，责令改正；拒不改正的，处二万元以上二十万元以下的罚款；对其直接负责的主管人员和其他直接责任人员处一万元以上二万元以下的罚款；构成犯罪的，依照刑法有关规定追究刑事责任。

第一百零九条　高危行业、领域的生产经营单位未按照国家规定投保安全生产责任保险的，责令限期改正，处五万元以上十万元以下的罚款；逾期未改正的，处十万元以上二十万元以下的罚款。

8.2.3　消防法

《中华人民共和国消防法》（2021 年修正）对使用燃气燃具检测不符合消防技术标准和管理规定，逾期又不改正的罚款依据条文有：

第十九条　生产、储存、经营易燃易爆危险品的场所不得与居住场所设置在同一建筑物内，并应当与居住场所保持安全距离。

生产、储存、经营其他物品的场所与居住场所设置在同一建筑物内的，应当符合国家工程建设消防技术标准。

第二十四条　消防产品必须符合国家标准；没有国家标准的，必须符合行业标准。禁止生产、销售或者使用不合格的消防产品以及国家明令淘汰的消防产品。

依法实行强制性产品认证的消防产品，由具有法定资质的认证机构按照国家标准、行业标准的强制性要求认证合格后，方可生产、销售、使用。实行强制性产品认证的消防产品目录，由国务院产品质量监督部门会同国务院应急管理部门制定并公布。

新研制的尚未制定国家标准、行业标准的消防产品，应当按照国务院产品质量监督部门会同国务院应急管理部门规定的办法，经技术鉴定符合消防安全要求的，方可生产、销售、使用。

依照本条规定经强制性产品认证合格或者技术鉴定合格的消防产品，国务院应急管理部门应当予以公布。

第二十七条　电器产品、燃气用具的产品标准，应当符合消防安全的要求。

电器产品、燃气用具的安装、使用及其线路、管路的设计、敷设、维护保养、检测，必须符合消防技术标准和管理规定。

第四十四条　任何人发现火灾都应当立即报警。任何单位、个人都应当无偿为报警提供便利，不得阻拦报警。严禁谎报火警。

人员密集场所发生火灾，该场所的现场工作人员应当立即组织、引导在场人员疏散。

任何单位发生火灾，必须立即组织力量扑救。邻近单位应当给予支援。

消防队接到火警，必须立即赶赴火灾现场，救助遇险人员，排除险情，扑灭火灾。

第六十一条　生产、储存、经营易燃易爆危险品的场所与居住场所设置在同一建筑物内，或者未与居住场所保持安全距离的，责令停产停业，并处五千元以上五万元以下罚款。

生产、储存、经营其他物品的场所与居住场所设置在同一建筑物内，不符合消防技术标准的，依照前款规定处罚。

第六十六条　电器产品、燃气用具的安装、使用及其线路、管路的设计、敷设、维护保养、检测不符合消防技术标准和管理规定的，责令限期改正；逾期不改正的，责令停止使用，可以并处一千元以上五千元以下罚款。

8.2.4　石油天然气管道保护法

《中华人民共和国石油天然气管道保护法》（2010 年 10 月 1 日施行）对造成燃气管道事故的直接负责的主管人员及其他责任人员追究责任的条文有：

第 11 条　任何单位和个人不得实施危害管道安全的行为。

对危害管道安全的行为，任何单位和个人有权向县级以上地方人民政府主管管道保护工作的部门或者其他有关部门举报。接到举报的部门应当在职责范围内及时处理。

第二十二条　管道企业应建立、健全管道巡护制度，配备专门人员对管道线路进行日常巡护。管线巡护人员发现危害管道安全的情形或者隐患，应当按照规定及时处理和报告。

第二十五条 管道企业发现管道存在安全隐患，应当及时排除。对管道存在的外部安全隐患，管道企业自身排除确有困难的，应当向县级以上地方人民政府主管管道保护工作的部门报告。接到报告的主管管道保护工作的部门应当及时协调排除或者报请人民政府及时组织排除安全隐患。

第二十八条 禁止下列危害管道安全的行为：

（一）擅自开启、关闭管道阀门；

（二）采用移动、切割、打孔、砸撬、拆卸等手段损坏管道；

（三）移动、毁损、涂改管道标志；

（四）在埋地管道上方巡查便道上行驶重型车辆；

（五）在地面管道线路、架空管道线路和管桥上行走或者放置重物。

第四十二条 管道停止运行、封存、报废的，管道企业应当采取必要的安全防护措施，并报县级以上地方人民政府主管管道保护工作的部门备案。

第五十条 管道企业有下列行为之一的，由县级以上地方人民政府主管管道保护工作的部门责令限期改正；逾期不改正的，处二万元以上十万元以下的罚款；对直接负责的主管人员和其他直接责任人员给予处分：

（一）未依据本法规定对管道进行巡护、检测和维修的；

（二）对不符合安全使用条件的管道未及时更新、改造或者停止使用的；

（三）未依据本法规定设置、修复或者更新有关管道标志的；

（四）未依据本法规定将管道竣工测量图报人民政府主管管道保护工作的部门备案的；

（五）未制定本企业管道事故应急预案，或者未将本企业管道事故应急预案报人民政府主管管道保护工作的部门备案的；

（六）发生管道事故，未采取有效措施消除或者减轻事故危害的；

（七）未对停止运行、封存、报废的管道采取必要的安全防护措施的。

管道企业违反本法规定的行为同时违反建设工程质量管理、安全生产、消防等其他法律的，依照其他法律的规定处罚。

管道企业给他人合法权益造成损害的，依法承担民事责任。

第五十一条 采用移动、切割、打孔、砸撬、拆卸等手段损坏管道或者盗窃、哄抢管道输送、泄漏、排放的石油、天然气，尚不构成犯罪的，依法给予治安管理处罚。

第五十三条 未经依法批准，进行本法第三十三条第二款或者第三十五条规定的施工作业的，由县级以上地方人民政府主管管道保护工作的部门责令停止违法行为；情节较重的，处一万元以上五万元以下的罚款；对违法修建的危害管道安全的建筑物、构筑物或者其他设施限期拆除；逾期未拆除的，由县级以上地方人民政府主管管道保护工作的部门组织拆除，所需费用由违法行为人承担。

第五十四条　违反本法规定，有下列行为之一的，由县级以上地方人民政府主管管道保护工作的部门责令改正；情节严重的，处二百元以上一千元以下的罚款：

（一）擅自开启、关闭管道阀门的；

（二）移动、毁损、涂改管道标志的；

（三）在埋地管道上方巡查便道上行驶重型车辆的；

（四）在地面管道线路、架空管道线路和管桥上行走或者放置重物的；

（五）阻碍依法进行的管道建设的。

第五十五条　违反本法规定，实施危害管道安全的行为，给管道企业造成损害的，依法承担民事责任。

第五十六条　县级以上地方人民政府主管管道保护工作的部门或者其他有关部门，违反本法规定，对应当组织排除的管道外部安全隐患不及时组织排除，发现危害管道安全的行为或者接到对危害管道安全行为的举报后不依法予以查处，或者有其他不依照本法规定履行职责的行为的，由其上级机关责令改正，对直接负责的主管人员和其他直接责任人依法给予处分。

8.2.5　城镇燃气管理条例

《城镇燃气管理条例》是为了加强城镇燃气管理，保障燃气供应，促进燃气事业健康发展，维护燃气经营者和燃气用户的合法权益，保障公民生命、财产安全和公共安全，保证我国和谐稳定而制定的法规。《城镇燃气管理条例》于 2010 年 10 月 19 日由国务院第 129 次常务会议通过（国务院令第 583 号公布），自 2011 年 3 月 1 日起实施，于 2016 年 2 月 6 日修订。

第五条　国务院建设主管部门负责全国的燃气管理工作。

县级以上地方人民政府燃气管理部门负责本行政区域内的燃气管理工作。

县级以上地方人民政府其他有关部门依照本条例和其他有关法律、法规的规定，在各自职责范围内负责有关燃气管理工作。

第二十八条　燃气用户及相关单位和个人不得有下列行为：

（一）擅自操作公用燃气阀门；

（二）将燃气管道作为负重支架或者接地引线；

（三）安装、使用不符合气源要求的燃气燃烧器具；

（四）擅自安装、改装、拆除户内燃气设施和燃气计量装置；

（五）在不具备安全条件的场所使用、储存燃气；

（六）盗用燃气；

（七）改变燃气用途或者转供燃气。

第三十三条　县级以上地方人民政府燃气管理部门应当会同城乡规划等有关部门按照国家有关标准和规定划定燃气设施保护范围，并向社会公布。

在燃气设施保护范围内，禁止从事下列危及燃气设施安全的活动：

（一）建设占压地下燃气管线的建筑物、构筑物或者其他设施；

（二）进行爆破、取土等作业或者动用明火；

（三）倾倒、排放腐蚀性物质；

（四）放置易燃易爆危险物品或者种植深根植物；

（五）其他危及燃气设施安全的活动。

第三十四条　在燃气设施保护范围内，有关单位从事敷设管道、打桩、顶进、挖掘、钻探等可能影响燃气设施安全活动的，应当与燃气经营者共同制定燃气设施保护方案，并采取相应的安全保护措施。

第三十五条　燃气经营者应当按照国家有关工程建设标准和安全生产管理的规定，设置燃气设施防腐、绝缘、防雷、降压、隔离等保护装置和安全警示标志，定期进行巡查、检测、维修和维护，确保燃气设施的安全运行。

第三十六条　任何单位和个人不得侵占、毁损、擅自拆除或者移动燃气设施，不得毁损、覆盖、涂改、擅自拆除或者移动燃气设施安全警示标志。

任何单位和个人发现有可能危及燃气设施和安全警示标志的行为，有权予以劝阻、制止；经劝阻、制止无效的，应当立即告知燃气经营者或者向燃气管理部门、安全生产监督管理部门和公安机关报告。

第三十九条　燃气管理部门应当会同有关部门制定燃气安全事故应急预案，建立燃气事故统计分析制度，定期通报事故处理结果。

燃气经营者应当制定本单位燃气安全事故应急预案，配备应急人员和必要的应急装备、器材，并定期组织演练。

第四十条　任何单位和个人发现燃气安全事故或者燃气安全事故隐患等情况，应当立即告之燃气经营者，或者向燃气管理部门、公安机关消防机构等有关部门和单位报告。

第四十一条　燃气经营者应当建立健全燃气安全评估和风险管理体系，发现燃气安全事故隐患的，应当及时采取措施消除隐患。

燃气管理部门以及其他有关部门和单位应当根据各自职责，对燃气经营、燃气使用的安全状况等进行监督检查，发现燃气安全事故隐患的，应当通知燃气经营者、燃气用户及时采取措施消除隐患；不及时消除隐患可能严重威胁公共安全的，燃气管理部门以及其他有关部门和单位应当依法采取措施，及时组织消除隐患，有关单位和个人应当予以配合。

第四十二条　燃气安全事故发生后，燃气经营者应当立即启动本单位燃气安全事故应急预案，组织抢险、抢修。

燃气安全事故发生后，燃气管理部门、安全生产监督管理部门和公安机关消防机构等有关部门和单位，应当根据各自职责，立即采取措施防止事故扩大，根据有关情况启动燃气安全事故应急预案。

第四十五条　违反本条例规定，未取得燃气经营许可证从事燃气经营活动的，由燃气管理部门责令停止违法行动，处 5 万元以上 50 万元以下罚款；有违法所得的，没收违法所得；构成犯罪的，依法追究刑事责任。

违反本条例规定，燃气经营者不按照燃气经营许可证的规定从事燃气经营活动的，由燃气管理部门责令限期改正，处 3 万元以上 20 万元以下罚款；有违法所得的，没收违法所得；情节严重的，吊销燃气经营许可证；构成犯罪的，依法追究刑事责任。

第四十六条　违反本条例规定，燃气经营者有下列行为之一的，由燃气管理部门责令限期改正，处 1 万元以上 10 万元以下罚款；有违法所得的，没收违法所得；情节严重的，吊销燃气经营许可证；造成损失的，依法承担赔偿责任；构成犯罪的，依法追究刑事责任：

（一）拒绝向市政燃气管网覆盖范围内符合用气条件的单位或者个人供气的；

（二）倒卖、抵押、出租、出借、转让、涂改燃气经营许可证的；

（三）未履行必要告知义务擅自停止供气、调整供气量，或者未经审批擅自停业或者歇业的；

（四）向未取得燃气经营许可证的单位或者个人提供用于经营的燃气的；

（五）在不具备安全条件的场所储存燃气的；

（六）要求燃气用户购买其指定的产品或者接受其提供的服务；

（七）燃气经营者未向燃气用户持续、稳定、安全供应符合国家质量标准的燃气，或者未对燃气用户的燃气设施定期进行安全检查。

第四十七条　违反本条例规定，擅自为非自有气瓶充装燃气或者销售未经许可的充装单位充装的瓶装燃气的，依照国家有关气瓶安全监察的规定进行处罚。

违反本条例规定，销售充装单位擅自为非自有气瓶充装的瓶装燃气的，由燃气管理部门责令限期改正，可以处 1 万元以下罚款。

违反本条例规定，冒用其他企业名称或者标识从事燃气经营、服务活动，依照有关反不正当竞争的法律规定进行处罚。

第四十八条　违反本条例规定，燃气经营者未按照国家有关工程建设标准和安全生产管理的规定，设置燃气设施防腐、绝缘、防雷、降压、隔离等保护装置和安全警示标志的，或者未定期进行巡查、检测、维修和维护的，或者未采取措施及时消除燃气安全事故隐患的，由燃气管理部门责令限期改正，处 1 万元以上

10 万元以下罚款。

第四十九条　违反本条例规定，燃气用户及相关单位和个人有下列行为之一的，由燃气管理部门责令限期改正；逾期不改正的，对单位可以处 10 万元以下罚款，对个人可以处 1000 元以下罚款；造成损失的，依法承担赔偿责任；构成犯罪的，依法追究刑事责任：

（一）擅自操作公用燃气阀门的；

（二）将燃气管道作为负重支架或者接地引线的；

（三）安装、使用不符合气源要求的燃气燃烧器具的；

（四）擅自安装、改装、拆除户内燃气设施和燃气计量装置的；

（五）在不具备安全条件的场所使用、储存燃气的；

（六）改变燃气用途或者转供燃气的；

（七）未设立售后服务站点或者未配备经考核合格的燃气燃烧器具安装、维修人员的；

（八）燃气燃烧器具的安装、维修不符合国家有关标准的。

盗用燃气的，依照有关治安管理处罚的法律规定进行处罚。

第五十条　违反本条例规定，在燃气设施保护范围内从事下列活动之一的，由燃气管理部门责令停止违法行为，限期恢复原状或者采取其他补救措施，对单位处 5 万元以上 10 万元以下罚款，对个人可以处 5000 元以上 5 万元以下罚款；造成损失的，依法承担赔偿责任；构成犯罪的，依法追究刑事责任：

（一）进行爆破、取土等作业或者动用明火的；

（二）倾倒、排放腐蚀性物质的；

（三）放置易燃易爆物品或者种植深根植物的；

（四）未与燃气经营者共同制定燃气设施保护方案，采取相应的安全保护措施，从事敷设管道、打桩、顶进、挖掘、钻探等可能影响燃气设施安全活动的。

违反本条例规定，在燃气设施保护范围内建设占压地下燃气管线的建筑物、构筑物或者其他设施的，依照有关城乡规划的法律、行政法规的规定进行处罚。

第五十一条　违反本条例规定，侵占、毁损、擅自拆除、移动燃气设施或者擅自改动市政燃气设施的，由燃气管理部门责令限期改正，恢复原状或者采取其他补救措施，对单位处 5 万元以上 10 万元以下罚款，对个人处 5000 元以上 5 万元以下罚款；造成损失的，依法承担赔偿责任；构成犯罪的，依法追究刑事责任。

违反本条例规定，毁损、覆盖、涂改、擅自拆除或者移动燃气设施安全警示标志的，由燃气管理部门责令限期改正，恢复原状，可以处 5000 元以下罚款。

第五十二条　违反本条例规定，建设工程施工范围内有地下燃气管线等重要燃气设施，建设单位未会同施工单位与管道燃气经营者共同制定燃气设施保护方案，或者建设单位、施工单位未采取相应的安全保护措施的，由燃气管理部门责令改正，处1万元以上10万元以下罚款；造成损失的，依法承担赔偿责任；构成犯罪的，依法追究刑事责任。

8.2.6 特种设备事故处理规定

《特种设备事故报告和调查处理规定》（国家质量监督检验检疫总局令第115号）中条文：

第十条 发生特种设备事故后，事故现场有关人员应当立即向事故发生单位负责人报告；事故发生单位的负责人接到报告后，应当于1小时内向事故发生地的县以上质量技术监督部门和有关部门报告。

情况紧急时，事故现场有关人员可以直接向事故发生地的县以上质量技术监督部门报告。

第四十四条 发生特种设备特别重大事故，依照《生产安全事故报告和调查处理条例》的有关规定实施行政处罚和处分；构成犯罪的，依法追究刑事责任。

第四十五条 发生特种设备重大事故及其以下等级事故的，依照《特种设备安全监察条例》的有关规定实施行政处罚和处分；构成犯罪的，依法追究刑事责任。

第四十六条 发生特种设备事故，有下列行为之一，构成犯罪的，依法追究刑事责任；构成有关法律法规规定的违法行为的，依法予以行政处罚；未构成有关法律法规规定的违法行为的，由质量技术监督部门等处以4000元以上2万元以下的罚款：

（一）伪造或者故意破坏事故现场的；

（二）拒绝接受调查或者拒绝提供有关情况或者资料的；

（三）阻挠、干涉特种设备事故报告和调查处理工作的。

根据国家市场监督管理总局于2022年1月20日公布的《特种设备事故报告和调查处理规定》（国家市场监督管理总局令第50号），发生特种设备事故后，事故发生单位的负责人或事故现场有关人员还应当于1小时内向事故发生地的县级以上市场监督管理部门报告。

8.2.7 高层民用建筑消防安全管理规定

高层民用建筑消防安全管理贯彻预防为主、防消结合的方针，实行消防安全责任制。消防安全管理依据的《高层民用建筑消防安全管理规定》（中华人民共和国应急管理部令第5号）的有关条文有：

第十七条　高层民用建筑内燃气用具的安装使用及其管路敷设、维护保养和检测应当符合消防技术标准及管理规定。禁止违反燃气安全使用规定，擅自安装、改装、拆除燃气设备和用具。

高层民用建筑使用燃气应当采用管道供气方式。禁止在高层民用建筑地下部分使用液化石油气。

第十八条　禁止在高层民用建筑内违反国家规定生产、储存、经营甲、乙类火灾危险性物品。

第三十八条　鼓励高层民用建筑推广应用物联网和智能化技术手段对电气、燃气消防安全和消防设施运行等进行监控和预警。

未设置自动消防设施的高层住宅建筑，鼓励因地制宜安装火灾报警和喷水灭火系统、火灾应急广播以及可燃气体探测、无线手动火灾报警、无线声光火灾警报等消防设施。

8.2.8　机关、团体、企业、事业单位消防安全管理

机关、团体、企业、事业单位消防安全管理依据的《机关、团体、企业、事业单位消防安全管理规定》（中华人民共和国公安部令第61号）的有关条文有：

第十八条　单位应当按照国家有关规定，结合本单位的特点，建立健全各项消防安全制度和保障消防安全的操作规程，并公布执行。

单位消防安全制度主要包括以下内容：消防安全教育、培训；防火巡查、检查；安全疏散设施管理；消防（控制室）值班；消防设施、器材维护管理；火灾隐患整改；用火、用电安全管理；易燃易爆危险物品和场所防火防爆；专职和义务消防队的组织管理；灭火和应急疏散预案演练；燃气和电气设备的检查和管理（包括防雷、防静电）；消防安全工作考评和奖惩；其他必要的消防安全内容。

第十九条　单位应当将容易发生火灾、一旦发生火灾可能严重危及人身和财产安全以及对消防安全有重大影响的部位确定为消防安全重点部位，设置明显的防火标志，实行严格管理。

第二十条　单位应当对动用明火实行严格的消防安全管理。禁止在具有火灾、爆炸危险的场所使用明火；因特殊情况需要进行电、气焊等明火作业的，动火部门和人员应当按照单位的用火管理制度办理审批手续，落实现场监护人，在确认无火灾、爆炸危险后方可动火施工。动火施工人员应当遵守消防安全规定，并落实相应的消防安全措施。

公众聚集场所或者两个以上单位共同使用的建筑物局部施工需要使用明火时，施工单位和使用单位应当共同采取措施，将施工区和使用区进行防火分隔，

清除动火区域的易燃、可燃物，配置消防器材，专人监护，保证施工及使用范围的消防安全。

公共娱乐场所在营业期间禁止动火施工。

第二十二条　单位应当遵守国家有关规定，对易燃易爆危险物品的生产、使用、储存、销售、运输或者销毁实行严格的消防安全管理。

第三十条　单位对存在的火灾隐患，应当及时予以消除。

第四十三条　消防安全管理情况应当包括以下内容：

（一）公安消防机构填发的各种法律文书；

（二）消防设施定期检查记录、自动消防设施全面检查测试的报告以及维修保养的记录；

（三）火灾隐患及其整改情况记录；

（四）防火检查、巡查记录；

（五）有关燃气、电气设备检测（包括防雷、防静电）等记录资料；

（六）消防安全培训记录；

（七）灭火和应急疏散预案的演练记录；

（八）火灾情况记录；

（九）消防奖惩情况记录。

前款规定中的第（二）、（三）、（四）、（五）项记录，应当记明检查人员、时间、部位、内容、发现的火灾隐患以及处理措施等；第（六）项记录，应当记明培训的时间、参加人员、内容等；第（七）项记录，应当记明演练的时间、地点、内容、参加部门及人员等。

第四十五条　单位应当将消防安全工作纳入内部检查、考核、评比内容。对在消防安全工作中成绩突出的部门（班组）和个人，单位应当给予表彰奖励。对未依法履行消防安全职责或者违反单位消防安全制度的行为，应当依照有关规定对责任人员给予行政纪律处分或者其他处理。

第四十六条　违反本规定，依法应当给予行政处罚的，依照有关法律、法规予以处罚；构成犯罪的，依法追究刑事责任。

8.2.9 消防监督检查

消防监督检查依据的《消防监督检查规定》（中华人民共和国公安部令第120号）的有关条文有：

第十条　对单位履行法定消防安全职责情况的监督抽查，应当根据单位的实际情况检查下列内容：

（五）电器线路、燃气管路是否定期维护保养、检测；

（八）生产、储存、经营易燃易爆危险品的场所是否与居住场所设置在同一建筑物内。

第十一条　对消防安全重点单位履行法定消防安全职责情况的监督抽查，除检查本规定第十条规定的内容外，还应当检查下列内容：

（一）是否确定消防安全管理人；

（三）是否定期组织消防安全培训和消防演练。

第三十八条　具有下列情形之一的，应当确定为火灾隐患：

（一）影响人员安全疏散或者灭火救援行动，不能立即改正的；

（二）消防设施未保持完好有效，影响防火灭火功能的；

（三）擅自改变防火分区，容易导致火势蔓延、扩大的；

（四）在人员密集场所违反消防安全规定，使用、储存易燃易爆危险品，不能立即改正的；

（五）不符合城市消防安全布局要求，影响公共安全；

（六）其他可能增加火灾实质危险性或者危害性的情形。

重大火灾隐患按照国家有关标准认定。

第三十九条　有固定生产经营场所且具有一定规模的个体工商户，应当纳入消防监督检查范围。具体标准由省、自治区、直辖市公安机关消防机构确定并公告。

8.2.10　生产安全事故罚款处罚规定

《生产安全事故罚款处罚规定（试行）》（根据国家安全生产监督管理总局令第 77 号第二次修正）是一部有关生产安全的部门规章。为防止和减少生产安全事故，应严格追究生产安全事故发生单位及其有关责任人员的法律责任，正确适用事故罚款的行政处罚。

对发生生产安全事故的单位及其有关责任人员，可以此规定的相关条文及相关法律、法规和规章的规定实施罚款的行政处罚。

第9章

燃气安全

9.1 安全生产方针

（1）安全及安全生产

① 安全　安全是指人类在活动中没有危险、不受威胁、不出事故的一种状态。在一定意义上讲，安全就是防灾害，消除最终导致发生死亡、伤害、职业病及各种损失的存在条件。

城镇燃气的运营就其本身而言是安全的，如果大家都按照国家标准、技术规范、操作规程执行，燃气安全运营是完全有保障的。

② 安全生产　安全生产是指在生产经营活动中，为了避免造成人员伤害和财产损失的事故而采取的事故预防和控制措施，使生产过程在符合物质条件和工作秩序下进行的，以保证从业人员的人身安全与健康，设备和设施免受损失，环境免遭破坏，保证生产经营活动得以顺利进行的相关活动。

安全生产是从企业的角度出发，强调在发展的同时，必须保证企业员工的安全、健康和企业财产不受损失。

（2）《中华人民共和国安全生产法》制定及规定

2021 年 6 月 10 日第十三届全国人民代表大会常务委员会第二十九次会议通过的《中华人民共和国安全生产法》（2021 年修正）（以下简称《安全生产法》）第一条和第二条：

第一条　为了加强安全生产工作，防止和减少生产安全事故，保障人民群众生命和财产安全，促进经济社会持续健康发展，制定本法。

第二条　在中华人民共和国领域内从事生产经营活动的单位（以下统称生产经营单位）的安全生产，适用本法；有关法律、行政法规对消防安全和道路交通安全、铁路交通安全、水上交通安全、民用航空安全以及核与辐射安全、特种设备安全另有规定的，适用其规定。

（3）城镇燃气的危险性

2013 年 12 月 7 日修订的《危险化学品安全管理条例》第三条："本条例所称危险化学品，是指具有毒害、腐蚀、爆炸、燃烧、助燃等性质，对人体、设施、环境具有危害的剧毒化学品和其他化学品。"城镇燃气易燃、易爆且有毒性，根据此条例的定义，城镇燃气属于危险化学品，存在引起人员伤亡、财产受到损失的风险。

城镇燃气极易燃，与空气混合可形成爆炸性混合物，遇火源易燃烧爆炸。天然气与氯气、次氯酸、三氟化氮、液氧及其他强氧化剂接触会剧烈反应。若燃气不完全燃烧还会产生一氧化碳、二氧化碳等物质。

（4）城镇燃气生产经营企业

城镇燃气生产经营企业属于高危行业。所谓高危行业，是指危险系数较其他行业高、事故发生率较高、财产损失较大、短时间内难以恢复或无法恢复的行业。

（5）安全重要性

安全是永恒的主题，它是人类生存、社会发展最重要，最基本的要求。安全是保障人们安居乐业、社会稳定、经济发展所必需的前提。安全重于泰山，对于一个家庭来讲安全是幸福的保障，对于企业来说安全是发展的基础，对国家来说安全是兴盛的根基。

（6）安全生产政策

《安全生产法》第三条：安全生产工作坚持中国共产党的领导。安全生产工作应当以人为本，坚持人民至上、生命至上，把保护人民生命安全摆在首位，树牢安全发展理念，坚持安全第一、预防为主、综合治理的方针，从源头上防范化解重大安全风险。安全生产工作实行管行业必须管安全、管业务必须管安全、管生产经营必须管安全，强化和落实生产经营单位主体责任与政府监管责任，建立生产经营单位负责、职工参与、政府监管、行业自律和社会监督的机制。

① 以人为本　以人为本就是以人的生命为本。人的生命最宝贵，生命安全权益是最大的权益。发展不能以牺牲人的生命为代价，不能损害劳动者的安全和健康权益。所以要坚持人民至上、生命至上，必须把保护人民生命安全摆在首位。

② 坚持安全第一　坚持安全第一就是要对人负责、以人为本、重视生命，

劳动者的生命安全是第一位的。在生产经营活动中必须将安全放在第一位，优先考虑劳动者在生产劳动中的生命安全，实行“安全优先”的原则，在确保安全的前提下，努力实现生产的其他目标。

③ 预防为主　预防为主就是要把预防安全生产事故的发生放在安全工作的首位。对安全生产的管理，不仅仅是在发生事故后去组织抢救，进行事故调查，找原因、追责任、堵漏洞；更应该按照系统化、科学化的管理思想，采取超前防范，预测、预防、预警等事前控制措施，千方百计预防安全事故的发生，做到防患于未然，将事故消灭在萌芽状态。虽然生产活动中还不可能完全杜绝安全事故的发生，但只要思想重视，健全安全法制、落实安全责任、预防措施得当，事故是可以大大减少的。

④ 综合治理　综合治理是适应我国安全生产形势的要求，自觉遵循安全生产规律，正视安全生产工作的长期性、艰巨性和复杂性，抓住安全生产工作中的主要矛盾和关键环节，综合运用科技手段、法律手段、经济手段和必要的行政手段，从发展规划、行业管理、安全投入、科技进步、经济政策、教育培训、安全立法、企业管理、监管机制、社会监督，以及追究事故责任、查处违法违纪等方面着手，做到思想认识上警钟长鸣，制度保证上严密有效，技术支撑上坚强有力，监督检查上严格仔细，事故处理上严肃认真，从而有效解决安全生产领域的问题。

(7) 安全隐患及主要因素

安全隐患在安全生产中也称为事故苗子，在安全系统工程学中称为危险因素或不安全因素，即生产中存在的可能导致事故和损失的不安全条件。一旦发现有安全隐患，如不加以消除即有可能产生安全事故。产生安全隐患的主要因素有：

① 工程建设没有按照设计图纸执行，选用的设备、材料有质量缺陷或是使用了不合格的产品，施工时偷工减料，选用的工程队分包给无安装资质的安装队施工。

② 设备老化或带病运行，加上保养、维护和检修不到位。

③ 生产人员专业培训、安全教育不够，甚至无证上岗；人员素质不高，缺乏责任感和纪律观念，操作不认真。

④ 规章制度不健全或执行不力，安全管理意识薄弱，缺乏有效的安全检查和监督。

⑤ 对出现过的事故分析不够，未认真处理，员工未得到教育；奖罚不清。

(8) 居民用气安全隐患

根据燃气安全事故报道及安检发现，安全隐患出现最多的问题是厨房内液化石油气钢瓶、燃气管道和阀门、燃具、连接软管等使用不当，这些约占安全隐患的 90%。

① 钢瓶　液化石油气钢瓶超期使用或存有缺陷、减压阀失灵、连接件松动等。

② 燃气管道、阀门　用户对室内燃气管道私改、私拆、暗埋、包封不符合规范要求；表面防腐层损坏、在管道上搭挂物品等。阀门使用年久，密封性能差。

③ 燃具　使用的燃具是不合格产品或淘汰产品，或超期使用、油渍太多、无熄火保护装置等。

④ 连接软管　使用的连接软管不是不锈钢波纹管，或软管开口接三通，或超年限使用老化龟裂，或质量差有裂缝，或两端采用的管卡（喉箍）松动甚至脱落等。

⑤ 使用不当　使用燃气时是“气等火”，人离开厨房火焰被风吹灭、汤水浇灭，用气后未将燃气管道阀和燃具旋塞阀同时关闭等。

9.2　场站设置规定

（1）场站重要设施

场站重要设施是指发生火灾时，影响部分装置生产或可能造成局部区域人身伤亡及财产损失的设施。

（2）安全出口

安全出口是供人员安全疏散用的楼梯间和室外楼梯的出入口或直通室内外安全区域的出口。燃气场（厂）、站的生产区和辅助区必须设置对外出入口，除生产需要外还要考虑发生火灾时消防车道畅通。

（3）防火分区

防火分区是在建筑内部采用防火墙、楼板及其他防火分隔设施分隔，能在一定时间内防止火灾向同一建筑的其余部分蔓延的局部空间。

（4）封闭式厂房和敞开式厂房

① 封闭式厂房：是指设有屋顶，建筑全部或局部采用均匀分布的封闭墙体（含门、窗）外围护结构的生产性建筑物。

② 敞开式厂房：是指设有屋顶，不设建筑外围护结构的生产性建筑物。

（5）燃气场站总平面布置规定

燃气场站总平面布置，应根据燃气储存、生产工艺特点、火灾危险性等级、功能要求，结合地形、风向等条件，经技术经济比较后确定。燃气场站总平面布置应符合下列规定：

① 站内总平面应分区布置，即分为生产区（包括储罐区和灌装区）和辅助生产区，其次按功能和工艺路线还应分小区布置。生产区宜布置在站区全年最小频率风向的上风侧或上侧风侧。

② 对有装卸功能的场站，在装卸台前应有较宽敞的汽车回车场地，并在站内配置车辆固定停车位。

③ 场站边界应设置围墙。生产区与辅助区之间应设置高度不低于 2.2m 的不燃烧实体围墙，辅助区可设置不燃烧非实体围墙。

④ 生产区应设置环形消防通道。如可设置尽头式消防车道和回车场，且回车场的面积不应小于 12m×12m，消防车道的宽度不应小于 4m。

⑤ 生产区地面的面层应采用撞击时不产生火花的材料，其技术要求应符合现行国家标准 GB 50209《建筑地面工程施工质量验收规范》的有关规定。

⑥ 严寒和寒冷地区的消防水池和地下消火栓应有防冻措施。

⑦ 生产区内的地下管沟和电缆沟必须填干砂。

⑧ 抗震设防烈度≥6 度地区的燃气场站工程应进行抗震设计，并应符合国家现行标准 GB 50011《建筑抗震设计规范》(附条文说明，2016 年版)、GB 50191《构筑物抗震设计规范》的有关规定。

⑨ 如有噪声，在工程设计时应采取有效措施，减少噪声，使选址区域噪声符合现行国家标准 GB 3096《声环境质量标准》、GB 12348《工业企业厂界环境噪声排放标准》的规定。

⑩ 在生产区四周和局部地区可种植不易造成燃气积存的植物；辅助区可种植各类植物。生产区围墙 2m 以外可种植乔木。

⑪ 总平面布置时应设置安全警示标志，安全警示标志应符合国家现行标准的有关规定。

⑫ 总平面布置场站内设施之间防火间距及其他应符合场站建设现行相关标准的规定。

(6) 安全间距

根据防火要求，城镇燃气储气设施及加油加气加氢站储气设施、工艺设备与站外建、构筑物之间必须保持一定的安全间距，其作用：一是防止站外明火火花或其他危险行为影响城镇燃气储气设施及加油加气加氢站的安全；二是避免城镇燃气储气设施及加油加气加氢站发生火灾事故时，对站外建、构筑物及堆场造成较大危害。对城镇燃气储配站及加油加气加氢站而言，设备边界是站区围墙或站区边界线；对站外设施来说，需根据设施的性质，人员密集程度及明火地点或散发火花地点等条件区别对待，其安全间距的确定应符合相应标准的规定。

（7）防火间距及间距计算

为了防止建筑物之间、储罐之间、设备之间及相互之间的火势蔓延，在各建筑物之间、储罐之间、设备之间及相互之间必须留出一定的间隔距离便于消防扑救，这种间隔距离叫作防火间距。也是指一幢建筑物或储罐、设备起火时，其相邻建筑物或储罐、设备在热辐射的作用下，在一定时间内没有任何保护措施，也不会起火的最小安全距离。根据我国有关防火设计规范，以技术手段确保建筑物、可燃物料储运设施自身的安全性能是主要的防火措施。防火间距是辅助手段。

我国防火规范对不同建筑物、储罐、设备的防火间距做了明确的规定，其主要依据是考虑辐射热的作用，建筑物的耐火等级，生产和储存物品的火灾危险性，建筑物、储罐、设备的布置形式，在城镇燃气厂站及加油加气站内必须留出便于消防扑救又安全的间隔距离。城镇燃气场站选址、站内平面布置的安全间距和防火间距（距离）计算起止点。应符合下列规定：

① 道路——从路面边缘算起。

② 铁路——从铁路中心线算起。

③ 管道——从管壁外缘算起。

④ 储罐——从罐外壁算起。

⑤ 火车、汽车——从装卸油鹤管中心线算起。

⑥ 储气瓶——从瓶外壁算起。

⑦ 储气井——从井管中心算起。

⑧ 加油机、加气机——从中心线算起。

⑨ 卸车点——从接卸油（LPG、CNG、LNG）罐车的固定接头算起。

⑩ 设备——从外壁算起。

⑪ 机泵、变压器——从设备外缘算起。

⑫ 冷却塔、汽化器——从外壁算起。

⑬ 火炬、放空管——从管中心算起。

⑭ 加热炉、水套炉、锅炉——从烧火口或烟囱算起。

⑮ 架空电力线、架空通信线路——从杆、塔的中心线算起。

⑯ 架空电力线杆高、通信线杆高和通信发射塔塔高——从电线杆和通信发射塔所在地面至杆顶或塔顶的高度算起。

⑰ 埋地电力线、通信电缆——从电缆中心线算起。

⑱ 地下建、构筑物——从出入口、通气口、采光窗等对外开口算起。

⑲ 建、构筑物——从外墙壁算起。

⑳ 堆场——从两堆场中相邻堆垛外缘算起。

㉑ 相邻厂矿企业——从围墙中心线算起。

㉒ 居住区、村镇、公共福利设施和散居房屋——从邻近建筑物的外壁算起。

当外墙有凸出的可燃或难燃构件时，应从其凸出部分外缘算起。

建筑物与堆场、储罐与堆场的防火间距，应为建筑外墙或储罐外壁至堆场中相邻堆垛外缘的最近水平距离。

（8）水平净距和垂直净距

① 水平净距：是两条同一方向敷设的平行管道，其外壁之间的距离。

② 垂直净距：是上下两层的垂直高度。

9.3 场站供电系统

（1）场站供电系统和电气防爆设计规定

① 燃气场站供电系统设计应符合现行国家标准 GB 50052《供配电系统设计规范》“二级负荷”的有关规定。“二级负荷”（由两回线路供电）的电源要求从供电可靠性上完全能满足燃气安全的需要，当采用两回线路供电有困难时，可另设燃气或燃油发电机为自备电源，且可以大大节省投资，可操作性强。对不需“二级负荷”电气设备的供电系统可为三级负荷。

消防水泵房及其配电室应设置应急照明，应急照明的备用电源可采用蓄电池，且连续供电时间不应小于 0.5h。重要消防用电设备的供电，应在最末一级配电装置或配电箱处实现自动切换。消防系统的配电及控制线始终应采用耐火电缆。

② 对具有爆炸危险场所的电力装置设计应符合现行国家标准 GB 50058《爆炸危险环境电力装置设计规范》的有关规定，爆炸危险区域等级和范围的划分应符合现行国家或行业相关规范附录的规定。在场站内爆炸危险厂房和装置区内应设置燃气浓度检测报警装置。报警器宜集中设置在控制室或值班室内。由于爆炸危险环境区域确定影响因素较多，设计时应根据具体情况加以分析确定。

（2）触电及触电事故处理

① 触电：人体是导体，当人体接触到具有不同电位的两点时，由于电位差的作用，就会在人体内形成电流，这种现象称为触电。

触电事故可分为单相触电、两相触电、跨步电压触电。

② 触电事故处理：若发生触电，应立即切断电源或用绝缘工具使触电者脱离电源；拨打 120 急救电话；若触电者呼吸、心跳停止，须立即给予胸外按压、人工呼吸。未经医生或救护人员许可不得随便移动触电者。

（3）静电及场站防静电设计规定

在正常情况下，物质的正、负电荷平衡，整体呈电中性。但两种不同物体

（包括气体、液体、固体）之间的摩擦等相互作用会产生电子转移，当两物质再分离时即各自带有相反电荷，称为静电。

如衣服上产生的静电火花可能会产生足够的能量导致燃气与空气混合物起火。如不引起注意，必将造成很大危险。

城镇燃气所有场站的静电接地设计应符合现行国家标准 GB 50183《石油天然气工程设计防火规范》和行业标准 SH/T 3097《石油化工静电接地设计规范》的有关规定。

低压湿式储气罐罐顶和罐壁外 3m 以内范围的电气设备属 Q-2 级。在可燃气体生产区入口处应设置安全有效的人体静电消除装置。

（4）防止静电危害应采取措施

为防止燃气生产、运营静电危害应采取如下措施：

① 应严格控制燃气在管道中的输送流速。

② 汽车槽车行驶时，罐上应有铁链条接地。

③ LPG 及 LNG 的一切灌装设备、槽车都应做好静电接地。

④ 室内混凝土地面、橡胶地板等导电性要符合规定。

⑤ 在燃气加压或输送停止后，须按规定静止一定时间，方可进行检尺、测温、采样作业。

⑥ 对燃气储罐进行测物、采样，不得使用两种或两种以上材质的器具。

⑦ 对罐车、钢瓶、槽车、气瓶装卸应严格执行操作规程。

⑧ 在燃气作业区严禁穿易产生静电的化纤服装和鞋底有铁钉的鞋，尤其不得在该区域穿、脱衣服或用化纤织物擦拭设备。

⑨ 在燃气作业区宜采取相应的消除静电措施，如设置静电报警器或静电消除装置（静电释放仪）。

⑩ 具有爆炸危险区域地面面层应采用撞击时不产生火花的材料，其技术要求应符合现行国家标准 GB 50209《建筑地面工程施工质量验收规范》的有关规定。

⑪ 防静电措施和设备，要指定专人定期进行检查并建卡登记存档。

⑫ 在生产区使用新产品前，必须对产品静电情况做出评价。

（5）雷电及场站内防雷电设置

① 雷电是大自然中静电放电过程，是雷云层接近大地时感应出相反电荷，当电荷积聚到一定程度，产生云和云之间以及云和大地间放电，迸发出强烈的闪光和爆炸的轰鸣声。这就是人们见到和听到的闪电雷鸣。雷电常伴有强烈的阵风和暴雨，有时还伴有冰雹和龙卷风。雷击是对地闪击中的一次放电。雷电流是流经雷击点的电流。

② 场站内设置的储气罐和具有爆炸危险建、构筑物的防雷设计应符合现行国家标准 GB 50650《石油化工装置防雷设计规范》和 GB 50057《建筑物防雷设计规范》中“第二类防雷建筑物”的有关规定。防雷接地装置的电阻值，应符合现行国家标准 GB 50074《石油库设计规范》和标准 GB 50057《建筑物防雷设计规范》的有关规定，以防止雷击和雷电流。

（6）接地、接地体、接地线、接地装置和防雷装置

① 接地：是把设备的某一部分通过导体与大地构成等电位体，导出并消除导体上多余的电荷，以限制带电物体的电位上升或因此而产生的放电现象。

② 接地体：是埋入土壤中或混凝土基础中作散流用的导体。

③ 接地线：是引下线或接线处至接地体的连接导体；或从接地端子、等电位连接带至接地体连接导体，也可以称为安全回路线。发生危险时它把高压直接转嫁给地球，算是一根生命线。

④ 接地装置：是接地体和接地线的总和，用于传导雷电流并将其流散大地中。

⑤ 防雷装置：是用于减少闪击建、构筑物附近造成的物质性伤害和人身伤亡，由外部防雷装置和内部防雷装置组成。外部防雷装置是由接闪器、引下线和接地装置组成。内部防雷装置是由防雷等电位连接和与外部防雷装置组成。

（7）防雷、防静电接地电阻规定

对于燃气厂站具有爆炸危险的建、构筑物的防雷设计应符合现行国家标准 GB 50057《建筑物防雷设计规范》中“第二类防雷建筑物”的有关规定，防雷接地装置的冲击接地电阻应小于 10Ω。

对于燃气场站（厂站）的静电接地设计应符合现行行业标准 SH/T 3097《石油化工静电接地设计规范》的有关规定，防静电接地装置的接地电阻不应大于 100Ω，以消除静电荷积聚防止静电火花的要求。

当金属导体与防雷、电气保护接地（零）等接地系统有连接时，可不另采取专门的静电接地措施。

防雷接地、防静电接地、电气设备的工作接地、保护接地及信息系统的接地等，宜共用接地装置，其接地电阻应按其中接地电阻值要求最小的接地电阻值确定。

（8）跨接及作用

① 跨接：是指对于有爆炸危险的场合，所有相邻金属设备以及各管道之间、法兰盘之间，在非腐蚀性环境中，采用铜片或铜导线相连构成等电位体。

② 跨接线的作用：是为避免不同地段钢管道之间产生电位差，“电气通路”也就是让两段钢管之间通过铜片或铜导线连接，以使电流通过。安装跨接线可以确保雷接地系统的完整性，另外良好的接地也有利于信号屏蔽，即金属管道加接

跨接线的作用是绝缘、防静电。

9.4 燃气危险性及安全预防措施

(1) 石油天然气火灾危险性分类

根据国家标准 GB 50183—2004《石油天然气工程设计防火规范》(其替代版本 GB 50183—2015 被通知暂缓实施,目前仍按 GB 50183—2004 执行)的规定,石油天然气火灾危险性,按表 9.1 分类。

表 9.1 石油天然气火灾危险性分类

类别		特性	举例
甲	A	37.8℃时蒸气压力>200kPa 的液态烃	LPG,LNG,天然气凝液,未稳定凝析油
	B	1. 闪点<28℃的液体(甲 A 类和液化天然气除外) 2. 爆炸下限<10%(体积分数)的气体	原油,稳定轻烃,汽油,天然气,稳定凝析油,甲醇,硫化氢
乙	A	1. 闪点≥28℃至<45℃的液体 2. 爆炸下限≥10%(体积分数)的气体	原油,氨气,煤油
	B	闪点≥45℃至<60℃的液体	原油,轻柴油,硫黄
丙	A	闪点≥60℃至≤120℃的液体	原油,重柴油,乙醇胺,乙二醇
	B	闪点>120℃的液体	原油,二甘醇,三甘醇

注:1. 操作温度超过其闪点的乙类液体应视为甲 B 类液体。
2. 操作温度超过其闪点的丙类液体应视为乙 A 类液体。
3. 在原油储运系统中,闪点等于或大于 60℃,且初馏点等于或大于 180℃的原油,宜划分为丙类。
4. 石油产品的火灾危险性分类应以产品标准中确定的闪点指标为依据。

(2) 生产的火灾危险性分类原则及分类

生产的火灾危险性应根据生产中使用或产生的物质性质及其数量等因素划分。根据现行国家标准 GB 50016—2014《建筑设计防火规范(2018 年版)》的规定,生产的火灾危险性可按表 9.2 分为甲、乙、丙、丁、戊五类。

表 9.2 生产的火灾危险性分类

生产的火灾危险性类别	使用或产生下列物质生产的火灾危险性特征
甲	1. 闪点小于 28℃的液体; 2. 爆炸下限小于 10%(体积分数)的气体; 3. 常温下能自行分解或在空气中氧化能导致迅速自燃或爆炸的物质; 4. 常温下受到水或空气中水蒸气的作用,能产生可燃气体并引起燃烧或爆炸的物质; 5. 遇酸、受热、撞击、摩擦、催化以及遇有机物或硫黄等易燃的无机物,极易引起燃烧或爆炸的强氧化剂;

续表

生产的火灾危险性类别	使用或产生下列物质生产的火灾危险性特征
	6. 受撞击、摩擦或与氧化剂、有机物接触时能引起燃烧或爆炸的物质； 7. 在密闭设备内操作温度不小于物质本身自燃点的生产
乙	1. 闪点不小于28℃，但小于60℃的液体； 2. 爆炸下限不小于10%（体积分数）的气体； 3. 不属于甲类的氧化剂； 4. 不属于甲类的易燃固体； 5. 助燃气体； 6. 能与空气形成爆炸性混合物的浮游状态的粉尘、纤维，闪点不小于60℃的液体雾滴
丙	1. 闪点不小于60℃的液体； 2. 可燃固体
丁	1. 对不燃烧物质进行加工，并在高温或熔化状态下经常产生强辐射热、火花或火焰的生产； 2. 利用气体、液体、固体作为燃料或将气体、液体进行燃烧作其他用的各种生产； 3. 常温下使用或加工难燃烧物质的生产
戊	常温下使用或加工不燃烧物质的生产

注：1. 在生产过程中，如使用或产生易燃、可燃物质的量较少、不足以构成爆炸或火灾时可以按实际情况确定其火灾危险性类别。

2. 同一座厂房内或本防火区内有不同性质的生产时，其分类应按火灾危险性较大的部分确定。但火灾危险性大的部分占本层或本防火分区面积的比例小于5%，且发生事故时不足以蔓延到其他部位，或火灾危险性较大的生产部分采取了有效的防火设施时，可按火灾危险性较小部分确定。

(3) 储存物品的火灾危险性分类

储存物品的火灾危险性应根据储存物品的性质和储存物品中的可燃物数量等因素划分。根据现行国家标准 GB 50016—2014 的规定，储存物品的火灾危险性可按表9.3分为甲、乙、丙、丁、戊五类。

表9.3 储存物品的火灾危险性分类

储存物品的火灾危险性类别	储存物品的火灾危险性特征
甲	1. 闪点小于28℃的液体； 2. 爆炸下限小于10%（体积分数）的气体，受到水或空气中水蒸气的作用能产生爆炸下限小于10%（体积分数）气体的固体物质； 3. 常温下能自行分解或在空气中氧化能导致迅速自燃或爆炸的物质； 4. 常温下受到水或空气中水蒸气的作用，能产生可燃气体并引起燃烧或爆炸的物质； 5. 遇酸、受热、撞击、摩擦以及遇有机物或硫黄等易燃的无机物，极易引起燃烧或爆炸的强氧化剂； 6. 受撞击、摩擦或与氧化剂、有机物接触时能引起燃烧或爆炸的物质

储存物品的火灾危险性类别	储存物品的火灾危险性特征
乙	1. 闪点不小于28℃，但小于60℃的液体； 2. 爆炸下限不小于10%（体积分数）的气体； 3. 不属于甲类的氧化剂； 4. 不属于甲类的易燃固体； 5. 助燃气体； 6. 常温下与空气接触能缓慢氧化，积热不散引起自燃的物品
丙	1. 闪点不小于60℃的液体； 2. 可燃固体
丁	难燃烧物品
戊	不燃烧物品

注：1. 同一座仓库或仓库的任一防火分区内储存不同火灾危险性物品时，仓库或防火分区的火灾危险性应按火灾危险性最大的物品确定。
2. 丁、戊类储存物品仓库的火灾危险性，当可燃包装重量大于物品本身重量1/4或可燃包装体积大于物品本身体积的1/2时，应按丙类确定。

（4）危险化学品重大危险源

危险化学品指具有毒害、腐蚀、爆炸、助燃等性质，对人体、设施、环境具有危害的剧毒化学品和其他化学品。现行国家标准GB 18218—2018《危险化学品重大危险源辨识》中将“危险化学品重大危险源”定义为：长期地或临时地生产、储存、使用和经营危险化学品，且危险化学品的数量等于或超过临界量的单元。临界量系指某种或某类危险化学品构成重大危险源所规定的最小数量。单元是涉及危险化学品的生产、储存装置、设施或场所，分为生产单元和储存单元。

（5）燃气检漏

燃气检漏是对燃气管网漏气点的查找，是燃气输送系统日常维护管理的重要工作之一。

地上或室内燃气管道可凭嗅觉发现有臭味的燃气泄漏；靠视觉、声响或在接口处涂肥皂液可确定漏气位置；在用气处设置燃气报警器，当燃气泄漏达到一定浓度时会发出警报。地下燃气管道往往是采用检查管道附近的地下构筑物（如阀井、管沟等）内燃气含量的方式检测。可在燃气管道附近钻孔，取气样用燃气指示器进行分析，以确定是否漏气；也可观察管道近处的植物是否因燃气泄漏导致枝叶变黄或枯干；还可将燃气检漏仪器设在沿管道巡查的检漏车上，取近地气样进行分析。如发现有可疑的漏气管道，可钻孔做进一步检查。查明漏气地点后，要尽快消除漏气。

（6）爆炸性气体混合物及爆炸危险场所、区域

在大气条件下，可燃气体、蒸气及薄雾状可燃物质与空气混合物达到一定浓

度时，点燃后会瞬间发生燃烧并在全范围内传播。此类混合物称为爆炸性气体混合物。

爆炸危险场所：是指由于存在爆炸性混合物造成爆炸事故危险而应对其生产、储存、装卸、使用等采取预防措施的场所。

爆炸危险区域：是爆炸性混合物出现的或预期可能出现的数量达到足以要求对电气设备的结构、安装和使用采取预防措施的区域。

（7）爆炸危险区域采用的安全预防措施

① 燃气工程设计、设备选用、安装、燃气储运、场站管理、燃气供应等应符合现行国家标准 GB 50028《城镇燃气设计规范》(2020 版)、GB 51208《人工制气厂站设计规范》、GB 51142《液化石油气供应工程设计规范》、GB 51102《压缩天然气供应站设计规范》、GB 50156《汽车加油加气加氢站技术标准》、GB 50251《输气管道工程设计规范》、GB 50016《建筑设计防火规范》(2018 年版)、GB 50183《石油天然气工程设计防火规范》、GB 55009《燃气工程项目规范》的有关规定。运营时要尽量杜绝或减少燃气设备、工艺管道及附属设施的损坏和燃气泄漏。

② 场站内爆炸危险区域的等级和范围划分应符合现行国家或行业相关规范的规定。

③ 工艺装置宜采用露天或敞开式布置，具有爆炸危险性的生产区和生产辅助区应分区布置，其中间应采用不燃烧实体墙隔开。

④ 具有爆炸危险的封闭式建筑应采用良好的通风措施。当采用自然通风时，通风口总面积不应小于 $300cm^2/m^2$ 地面，通风口不应少于 2 个。若采用机械通风装置，正常工作时，通风量应按换气次数不少于 6 次/h 确定；在发生事故时，通风量应按换气次数不少于 12 次/h 确定。通风装置设置的位置，应按燃气的特性确定：燃气的密度大于空气密度时，通风口应靠近地面设置，如液化石油气；燃气的密度小于空气密度时，通风口应设置在上方，如人工燃气和天然气。

⑤ 在具有爆炸危险性的厂房和装置区域内、罩棚下，应设置可燃气体浓度检测报警器（应设置在值班室或仪表间等有值班人员场所）。可燃气体检测器和报警器的选用和安装应符合现行国家标准 GB/T 50493—2019《石油化工可燃气体和有毒气体检测报警设计标准》的有关规定。

报警器的报警浓度应取其可燃气体爆炸下限的 20%；当可燃气体浓度接近爆炸下限值的 50%时，应能可靠地发出信号或切断电源。

⑥ 在爆炸危险性区域内的电力装置设计应符合现行国家标准 GB 50058《爆炸危险环境电力装置设计规范》的有关规定，即用于燃气的电气设备必须是防爆型的。

⑦ 燃气储罐及工艺管道应设有静电接地、防雷接地装置。防静电接地装置的接地电阻不应大于 100Ω；防雷接地装置的接地电阻不应大于 10Ω。

⑧ 在具有爆炸危险性区域地面层应采用撞击时不产生火花的材料，其技术要求应符合现行国家标准 GB 50209《建筑地面工程施工质量验收规范》的规定。

⑨ 在具有爆炸危险性的厂站消防用水量、灭火器配置设计应符合现行国家标准 GB 50140《建筑灭火器配置设计规范》及标准 GB 50016、GB 50028 的有关规定。

⑩ 在具有爆炸危险性厂站的边界噪声应符合现行国家标准 GB 12348《工业企业厂界环境噪声排放标准》的有关规定。

（8）生产火灾危险性为甲类的厂房及场所作业规定

对进入燃气压缩机房、灌瓶间、调压室、计量室、瓶组汽化间、阀室、阀门井和检查井生产的火灾危险性甲类厂房及场所作业时，应符合下列规定。

① 进入生产的火灾危险性甲类厂房及场所不得携带火种、非防爆型无线通信设备。

② 不得穿化纤服，应穿戴防护用具，进入地下场所作业应系好安全带。

③ 维修电气设备时，应切断电源。

④ 带气检修维护作业过程中，应采取防爆和防中毒措施，不得产生火花。

⑤ 应连续检测可燃气体、其他有害气体及氧气的浓度，如不符合安全要求，应立即停止作业，撤离人员。

⑥ 作业过程中应有专人监护，并应轮换操作。

9.5 燃气事故

（1）燃气火灾爆炸事故特点

燃气火灾爆炸事故发生的主要特点是：普遍性、突发性、不可预见性、影响范围大、后果严重及社会影响大。

① 普遍性：燃气系统属城镇基础设施，供气系统庞大、复杂，调压装置、燃气管道遍布城镇每条街道角落，建设周期又长，任何有燃气设施或管道的地方都有可能发生事故。

② 突发性：若燃气生产、储存、输配管网出现故障，员工误操作或用户用气不当，一旦发生燃气泄漏（有些是人们毫无觉察时发生燃气泄漏），都有可能发生火灾和爆炸突发性事故。

③ 不可预见性：设备损坏、突然停电造成燃气中断，或遇到自然灾害、工程施工都有可能造成燃气管道损坏、断裂等。因此，无法预见事故，应提前做出准备。

④ 影响范围大：燃气储存设备、输配管网、燃气用户遍布整个城镇，一旦发生燃气事故，将会影响到周围一定区域，影响范围比较大。

⑤ 后果严重：燃气泄漏会使人中毒，尤其人工燃气。如发生燃气爆炸，一般会造成人员伤亡和财产损失。

⑥ 社会影响大：燃气安全直接关系广大人民群众的生命财产安全，关系到经济的发展和社会的稳定。燃气事故的发生不但给人民群众造成伤亡和财产损失，也会严重影响到燃气企业的经济效益和社会效益，尤其是突发事故可能会造成严重的社会危害，产生较大的社会影响。

（2）燃气事故分类

① 按程度　分为轻微事故、一般事故、较大事故、重大事故。

轻微事故：是指燃气生产或输配过程中有少量的燃气泄漏、设备的一般故障，未引发火灾、爆炸，不影响供气。

一般事故：是指燃气泄漏引起小范围火灾或轻度爆炸，有人员轻伤或中毒，未造成人员死亡或重大财产损失，但给社会造成一定的影响。

较大事故：是指燃气输配管道或调压站发生严重泄漏引起的火灾、爆炸难以控制，需要紧急疏散人员、影响交通，有人员死亡（不超过 3 人）或较大财产损失、较大范围供气中断。社会影响较大。

重大事故：是指燃气生产或输配过程中，设备严重损坏或管道断裂造成燃气大量泄漏，引发燃气中毒、燃烧、爆炸难以控制，需要紧急疏散人员，实施交通管制，造成人员伤亡较多（超过 3 人）或重大财产损失，大范围供气中断，社会影响大。

② 按性质　分为生产事故、设备事故、火灾事故、人员伤亡事故。

生产事故：是指城镇燃气由于燃气生产出现故障或调度失误、违反工艺操作规程和安全管理制度，造成停气、减压不稳定供气的事故，但没有人员伤亡。

设备事故：是由于设计、安装、运行、抢维修、生产管理等原因，造成机械、动力、电气、仪表、储罐、容器、气瓶、槽罐车、管道、阀门、运输等设备及建、构筑物等损坏造成损失或影响生产的事故，但没有人员伤亡。

火灾事故：是指在生产过程中，由于各种原因引起并失去控制的燃烧，并造成人员伤亡或财产损失的事故。

人员伤亡事故：是指在劳动或活动过程中发生与工作有关人身伤亡和急性中毒事故。

（3）燃气爆炸事故中冲击波的危害

燃气爆炸会产生冲击波，造成人员伤亡或财产损失的事故。

① 冲击波，也称气浪，是一种不连续峰在介质中的传播，这个峰会导致介质的压强、温度、密度等物理性质跳跃式改变。任何波源，当运动速度超过了其波的传播速度时，这种波动形式都可以称为冲击波，或者称为激波。其特点是介质中的扰动形成间断面，其两侧有关物理量发生跃变，造成强烈的破坏作用。

② 冲击波对人体伤害：冲击波作用人体上会造成全身多个器官损伤，同时又因高速气流形成的动压，使人跌倒受伤，甚至肢体断离。

冲击波对人体的伤害程度与人体受损伤时所在位置、姿势、冲击波超压峰值和作用时间有关，一般可分为 4 个区域：当冲击波峰值＞100kPa 时，大部分人会死亡；50～100kPa 时人的内脏会严重损伤或死亡；30～50kPa 时人的听觉器官损失或造成骨折；20～30kPa 时人员一般受到的是轻微损伤。所以，在冲击波超压峰值＜20kPa 的区域是人身的安全区域，该区域可用于事故即将发生时人员的撤离和事故的安全防范。

（4）燃气事故调查"四不放过"及处理原则

在燃气事故调查中应做到"四不放过"：

一是事故原因没有查清不放过；

二是当事人和群众未受到教育不放过；

三是事故责任者未受到严肃处理不放过；

四是没有制定切实可行的防范措施不放过。

只有做到四不放过，才能吸取事故教训，避免同类事故再发生，促进安全形势稳定好转。燃气事故的调查处理原则是及时准确、客观公正、实事求是、尊重科学。要真正查明事故原因，才能明确责任、吸取教训，进而避免事故的重复发生。

（5）天然气、人工煤气、液化石油气安全性比较

天然气的主要组分是甲烷，无色无味、热值高、无杂质、燃烧充分、污染小。

人工煤气现使用的主要是焦炉气，其主要组分是一氧化碳、氢及少量甲烷，无色，但含有硫化氢味（臭鸡蛋味）。一氧化碳和硫化氢是有毒气体，对人体有害。

液化石油气主要组分是 C_3、C_4 及以上的烃，无色无味、热值高，但含有少量杂质。如长时间使用，因液化石油气在燃烧时挥发出一些有机物质，会使燃

具、炊具的表面附有一层油污物。

天然气比空气密度小，一旦发生泄漏很容易扩散；而液化石油气比空气密度大，泄漏时会沉积于低洼处。相对而言使用天然气要比使用人工煤气和液化石油气安全。但是由于使用燃气的厨房基本是密闭的，如使用不当也会发生一氧化碳中毒，所以说，使用天然气也不是绝对安全的。

9.6 液化石油气

（1）液化石油气装置易发生泄漏部位

① 液化石油气管道使用年久或锈蚀，当受震动或撞击时可能出现裂缝泄漏。

② 储罐根部因材质或焊接等原因易出现裂缝泄漏。

③ 储罐超装、高温受热超压会造成罐体撕口或爆裂。

④ 阀门是液化石油气装置最易泄漏的部位。阀门法兰使用的密封垫片易因老化、开裂、螺栓紧固不均匀等的损坏而泄漏。

（2）液化石油气装置安全措施

① 供城镇的液化石油气质量必须符合现行国家标准 GB 11174《液化石油气》的规定。

② 必须由有资质的单位进行施工。要按设计资料强化施工质量，加强设备及管道应力集中区的检查，必要时进行无损检测。

③ 为防止液化石油气对储罐产生应力腐蚀出现裂纹，所以焊缝必须进行严格检测。

④ 储罐第一道法兰是液化石油气最易泄漏处。第一道法兰必须采用带颈对焊法兰、带内环和中环型的金属缠绕垫片和专用级高强度全螺纹螺柱和配套六角螺母的组合，且选用的压力等级应高于设计压力。选用的附件应优质可靠，并严格检查。

⑤ 储罐要严格控制充装量。当储罐超温、超压时检测仪表能及时报警；在储罐区和工艺装置区危险场所应设置燃气浓度检测报警系统，报警器应设在值班室或仪表间等有值班人员的场所。

⑥ 储罐和支柱外壁必须做防火涂层处理。

⑦ 在储罐和工艺装置区危险场所应杜绝一切火源，防止电火花和静电火花的产生。

⑧ 为保障液化石油气装置安全生产，应制定严格的作业管理制度，操作人员必须严格遵守操作规程和安全管理制度。

⑨ 按现行国家标准 GB 51142《液化石油气供应工程设计规范》的有关规定配置消防给水、站区排水与灭火器。

（3）液化石油气钢瓶安全使用

为保障瓶装液化石油气用气安全，使用液化石油气钢瓶时必须做到：

① 使用的液化石油钢瓶必须是经技术监督部门检查合格的产品，钢瓶上必须有可识别的标志标识码。严禁使用未经检验、检验不合格或者报废的液化石油气钢瓶。

② 液化石油气钢瓶只能放置在厨房通风干燥处，要直立放置，不允许卧放，更不准倒置。钢瓶与灶具的安全距离应在 0.5～1.0m。要保持钢瓶清洁，避免锈蚀。

③ 换气后在安装减压阀前应仔细检查减压阀的密封圈；减压阀与角阀采用丝扣连接，减压阀先要对正，然后逆时针方向旋转手轮以手拧紧不漏气即可。在使用燃气打开钢瓶角阀时，先不要急于点火，应先检查一下其他接口处是否有漏气现象。

④ 燃气点火时，先打开钢瓶上的角阀，在擦燃火柴或按下电子打火器按钮之后，再打开灶具上旋塞阀点燃。使用完毕后，应先关闭灶具旋塞阀再关钢瓶角阀。应注意的是，不用气时钢瓶角阀和灶具旋塞阀必须同时关闭。

⑤ 要保持减压阀整洁，呼吸孔不得堵塞。减压阀严禁乱拧、乱动或乱拆卸。一旦发现减压阀损坏，应及时送修或更换。

⑥ 连接钢瓶减压阀和灶具的软管，应使用不锈钢波纹管。软管两端宜采用螺纹连接，采用插入式连接时，应有可靠的防脱落措施。软管长度不应超过 2m。软管不得穿墙越室，要定期检查，一旦发现老化或损坏应及时更换。

⑦ 在使用液化石油气时，厨房要有人看管，以免沸汤、沸水浇灭灶火或被风吹灭，造成液化石油气泄漏。

⑧ 当钢瓶使用压力降低到不能正常使用时，不得用力摇晃、倾倒，严禁用热水或火烤等加热瓶体，以免受热超压引起爆炸。

⑨ 严禁采用钢瓶对钢瓶私自倒气。钢瓶内的残液严禁乱倒，应由灌瓶站回收处理。

⑩ 对钢瓶角阀、减压阀、软管和灶具旋塞阀，应经常用肥皂水、洗涤灵或洗洁精涂抹，如有气泡冒出此时应立即关闭钢瓶角阀，同时断绝一切明火、严禁动电气开关、要开门开窗通风，并报供气单位维修，不得私自拆修。

（4）瓶装液化石油气减压阀调节

瓶装液化石油气减压阀（又称调压器、调压阀）应根据使用设备的要求进行调节。

如使用高压燃具，在使用减压阀时，应选择高压阀，先把阀门全部关闭，然后慢慢扭开几圈感觉有气体输出时停止，此时点燃灶具观察火焰，并慢慢调节阀门达到正常燃烧状态。

如使用燃气热水器，调节减压阀必须向小的方向即逆时针方向调节，否则会因气体压力过高而出现不点火现象。

对于居民使用的普通灶具，选择普通调压阀即可，使用时只要调节减压阀达到火焰适中即可。调节减压阀压力时，应以火焰不离开火孔为宜。

为保障瓶装液化石油气用户用气安全，应选用带有自闭功能的减压阀。现已研发一种智能减压阀，具有自闭阀功能，如发生泄漏、环境温度过高、钢瓶无压等情况，可自动关闭阀门切断气源，还可以同时通过手机给用户和供气方发出信息并设有语音提示，确保用气户更加安全。另外还设有手机定位功能。

（5）液化石油气钢瓶产生爆炸主要原因

① 违规用液化石油槽车直接向钢瓶充装液化石油气或者钢瓶相互间倒灌，或随意倾倒残液。

② 液化石油气钢瓶超量灌装，即灌装量超过其容积的 90%。钢瓶完全灌满时，温度提高 1℃，压力就会急剧上升 2.0～3.0MPa；若温度上升 3～4℃，钢瓶内的压力就会超过爆破压力（约为 8MPa），引起钢瓶爆破。

③ 钢瓶是有支架的，如钢瓶倒置或平放，会使钢瓶减压阀撞坏或瓶体接触地面热而使瓶内液化石油气膨胀。

④ 钢瓶放在太阳下曝晒、用热水浇烫瓶体、用火烤或敲击碰撞，这些做法危险性极大。

⑤ 钢瓶超年限（钢瓶使用年限为 15 年）使用或年检超期，导致未能及时排查出钢瓶角阀、阀杆、阀根、瓶体等部位存在的故障或安全护罩失效。甚至有不合格的报废钢瓶仍继续流通使用，形成一个流动炸弹。

⑥ 钢瓶严重腐蚀或外力作用使瓶体受损。钢瓶在使用过程中因使用环境不当造成钢瓶瓶体腐蚀严重，野蛮装卸、运输造成瓶体损坏，钢瓶安全护罩或配件缺失破损。

⑦ 用户在使用燃气进行烧煮食物时忽视了监护，火被风或烧煮物扑灭、烧干锅、忘记关阀门、连接的软管老化开裂等造成燃气的泄漏。

（6）液化石油气钢瓶安全使用

① 禁止使用超期未检验的钢瓶。

② 钢瓶应放置在便于操作、方便检查、干燥且远离热源的地方，钢瓶必须直立使用。

③ 钢瓶与灶具的安全距离应在 0.5～1.0m。

④ 新换钢瓶的减压阀（调压器）和连接软管装上后，应在关闭灶具旋塞阀的情况下开启钢瓶角阀，通过听、闻或用肥皂水检查各连接部位等措施确保燃气发生泄漏能够被人察觉。

⑤ 使用灶具在点火时，要遵守“火等气”的原则，即先点火后开气。使用带有电子点火装置的灶具旋塞阀时，应平稳下压旋转，使气流和点火开关同步动作，并观察确保点火安全。

⑥ 燃气点燃后必须有人照看，用毕后应关紧灶具旋塞阀和钢瓶角阀。睡前要检查。

（7）液化石油气钢瓶险情处理

① 当钢瓶阀门失灵有液化石油气泄漏未着火，应先用湿毛巾、黄泥等将泄漏处堵住，再将钢瓶转移到室外，泄掉余气。切记杜绝一切火源。

② 如在灶具处燃气泄漏着火，先关灶具旋塞阀再关角阀，切断气源火会自行熄灭。

③ 若是钢瓶减压阀后着火，关闭角阀；若是钢瓶角阀与减压阀连接处着火，应迅速用湿抹布或湿毛巾等盖住着火处，关角阀切断气源火会自行熄灭。

④ 若是钢瓶角阀处（即瓶口）着火，或火太大无法关角阀，或角阀失灵用湿抹布或湿毛巾等不能灭火，应卸下减压阀或剪断软管，可戴蘸水的手套或裹上湿毛巾将钢瓶搬到室外安全地方用干粉或二氧化碳灭火器灭火。若用灭火器也灭不了火可任其燃烧，并不断淋水降温，并请供应单位来专人处理。

⑤ 用户应了解，液化石油气钢瓶立于地面着火，一般不会发生爆炸，因钢瓶内有很大压力，液化石油气只会向外喷射，外界空气是进不了钢瓶内，也不会出现回火。

⑥ 在现场如发现无法关闭角阀的钢瓶横卧在地面着火，应及时将钢瓶立起，否则液化石油气从瓶口流出；烧热的地面会导致钢瓶内液体受热，迅速膨胀 250～300 倍，超过钢瓶承受压力产生爆炸。

⑦ 若无法关闭角阀，横卧在地面的钢瓶着火不能用水扑救，否则从瓶口喷射出来的液化石油气会汽化浮在水面，扩大燃烧面积产生更大危险。

⑧ 如果火势较大难以控制，切勿自行处理，应当拨打 119，并迅速离开着火区域。

⑨ 如果是外界着火威胁到自家钢瓶，应迅速将钢瓶搬到室外安全处。

（8）液化石油气槽车装卸台处安装接地桩

槽车在装卸过程中，由于液化石油气（或液化天然气）在设备及管道流动时电阻率高，易产生静电。据测定，当静电压大于 350 V 时，其放电火花就可能引起液化石油气燃烧和爆炸。因此，为了防止静电积累，在槽车装卸台处必须设置接地桩。

利用专用夹子将槽车与鹤管或软管互相连接，再将槽车可靠地接地（不可使用槽车接地带代替），以保证将积累的静电荷导入大地。接地时应注意，槽车装车要先开盖再接地，装完后要先封盖再拆卸接地线。

（9）充装燃气的压力槽罐及气瓶检验周期规定

① 压力槽罐检验周期规定　充装燃气的压力槽罐有汽车槽罐车、铁路槽罐车及罐式集装箱，这些每年至少检验一次。

全面检验：安全状况等级为 1 级、2 级的，汽车槽罐车每 5 年至少检验一次，铁路槽罐车每 4 年至少检验一次，罐式集装箱每 5 年至少检验一次；安全状况等级为 3 级的，汽车槽罐车每 3 年至少检验一次，铁路槽罐车每 2 年至少检验一次，罐式集装箱每 2 年半至少检验一次。

耐压试验：每 6 年检验一次。

② 气瓶检验周期规定　充装腐蚀性气体的气瓶，每 2 年检验一次。充装一般气体的气瓶，每 3 年检验一次。充装惰性气体的气瓶，每 5 年检验一次。对于充装液化石油气的气瓶（钢瓶）自制造日期起，第一次至第三次的检验周期均为 4 年，第四次的检验周期为 3 年；50 kg 钢瓶每 3 年检验一次。车用 LPG 钢瓶每 5 年检验一次。

9.7 液化天然气

（1）液化天然气系统的常见安全事故及危害

在液化天然气系统作业过程中，常见的安全事故是：液化天然气的溢出和泄漏。

发生液化天然气溢出和泄漏的主要原因是设备损坏和操作失误。液化天然气溢出能使现场人员处在非常危险的环境之中。这种危害包括低温灼烧、冻伤、体温降低、肺部伤害、窒息等。当蒸气云团被点燃发生火灾时，热辐射也会对人体造成伤害。

如果溢出和泄漏的液化天然气在短时间内蒸发产生大量蒸气，与空气形成可燃的混合物，并迅速向外扩散，尤其下风处，如遇明火极易发生火灾。

（2）液化天然气蒸气危害

液化天然气蒸气的主要危害有：人体窒息、低温冻伤、体温过低，储罐超压破裂、冷爆炸、火灾等。

① 人体窒息：LNG 和天然气均无毒，但天然气是窒息性气体，人呼吸到液

化天然气蒸气，短时间内可导致呼吸困难。如空气中液化天然气蒸气量增加，空气中氧含量减少，操作者若长时间吸入，会因缺氧而感到恶心或晕眩，甚至窒息，严重时会失去知觉或死亡。

② 低温冻伤：液化天然气温度很低，如有泄漏会迅速汽化，吸收大量热量。如没有做好防护，皮肤与此深冷液体接触会产生严重的冻伤（冷灼伤）。局部疼痛是冻伤的前兆，但有时却并未预先感到疼痛。LNG 蒸发产生的低温气体同样也会灼伤皮肤。短时间暴露于低温气体中虽不至于影响面部，但会使眼睛的软组织受损伤。所以，在有可能发生 LNG 喷射或飞溅的工作场所，应使用面罩或护目镜保护眼睛。

③ 体温过低：如没有做好充分防护措施，接触液化天然气时间较长时，会有体温过低的危险。随着体温的下降，人的生理功能和智力活动也降低，心脏功能衰竭。若体温进一步下降将导致死亡。对明显受到体温过低影响的人，应迅速从寒冷地带转移并适当采用复温措施复温。

④ 储罐超压破裂：液化天然气储罐，如有外界热能传入会引起储罐中的液化天然气蒸发，从而产生蒸发气（BOG）。如储罐中液化天然气的日蒸发率超过控制范围，又未采取 BOG 再液化或合理的安全系数放空，严重时会使储罐内温度、压力上升过快，直至储罐超压破裂。为防止此类事故发生，LNG 储罐不得充装到最大设计液位以上。

⑤ 冷爆炸：若液化天然气泄漏至水体中，由于存在极大温差，液化天然气会剧烈地沸腾并伴随很大的响声，进而喷出水雾，以爆炸的速度产生蒸气，即所谓冷爆炸。

⑥ 火灾：泄漏的液化天然气产生的 BOG，遇到火源极易引发火灾。

（3）液化天然气低温冻伤事故处理

与高温烫伤的不同是，低温冻伤的肌肉部分会产生脆裂。

人体未加防护的部位不允许接触未加保温的 LNG 管线或容器，因为温度很低的金属表面会粘住并撕裂皮肤。如皮肤已与低温表面粘住，应立即关闭该管段或设备上、下端阀门，然后用温水浇淋被冻部位，直到自然脱开。将伤员送到温暖的地方，并脱掉有碍冻伤部位血液循环的衣物。拨打 120，送往医院救治。

（4）液化天然气操作人员安全防护措施

因液化天然气是在低温下操作，为避免意外伤害，操作人员采取的安全防护措施有：戴防护套、戴防护面具、穿防护服。

① 戴防护套：在处理或接触低温液态液化天然气或蒸气时，都应戴上无吸收性的、干燥的、皮革等制成的手套。手套要宽松，是防止一旦低温液体溅到手套上或渗入到手套里面时，容易将手套脱掉。

② 戴防护面具：液化天然气装置上岗操作人员，必须佩戴防护镜或护目镜、安全帽、隔音耳塞或耳机，选用的面罩要保证在低温下使用不碎裂，起到保护眼睛和脸部的作用。

③ 穿防护服及高筒靴：液化天然气装置上岗操作人员，必须穿长裤、长袖的工装及高筒靴，这些衣物都要求用专门的合成纤维或纤维棉制成，且要求尺寸宽松，以便能快速脱下。

（5）液化天然气汽化安全措施

用于液化天然气汽化的有空温汽化器和火焰加热汽化器。为防止火焰加热汽化器潜在危险，确保汽化系统安全，可采用可燃气体火灾报警器和紧急关闭系统，也可采用燃气管道上的高温开关和所有外送泵失灵的信号来关闭所有运行的汽化器。每台汽化器必须设有独立的关闭系统，其可以应对以下情况：

① 送风故障失灵；

② 排烟道温度高；

③ 汽化器出口温度低或温度高；

④ 汽化器出口压力高；

⑤ 燃气压力低；

⑥ 烟道中含有可燃气体。

汽化器停运驱动系统必须联锁，能切断汽化器的主燃气管线，并放空，关闭汽化器的液化天然气进出口管道上的切断阀。

9.8 燃气储配站及加油加气加氢站

（1）燃气储配站常见事故原因

① 燃气设备、设施超过使用期、腐蚀破损，导致燃气泄漏。

② 储气设施及管道腐蚀穿孔，阀门、法兰等连接出现问题，导致燃气泄漏。

③ 设备安装的安全防护设施失效，如安全阀、防爆阀、紧急切断阀、报警系统等失灵，导致燃气泄漏或超压。

④ 设备检测、维修不到位，当出现事故征兆时没有相应专业人员、技术和装备进行抢险，缺乏应对灾害的能力。

⑤ 违章指挥。

⑥ 管理措施不到位。

⑦ 操作人员违反操作规程违章操作或违反劳动纪律。

（2）加油加气加氢站常见事故原因

① 设备缺陷。维护不到位，检修不及时。

② 可燃气体、液体遇到静电或受到撞击。

③ 受到高温、通风不良。

④ 遇到雷击。

⑤ 不认真执行规章制度、违章操作。

⑥ 规章制度不健全，落实不到位，不重视安全教育及培训等。

（3）加油加气加氢站事故特点

① 严重性：加油加气加氢站一旦发生事故，易造成重大伤亡，后果比较严重。

② 复杂性：引发事故的原因较多，如明火、静电火花、电气火花、雷电等。

③ 突发性：事故难以预测。

④ 社会性：加油加气加氢站大多建在城镇建成区和城市中心区内，一旦发生事故，易对社会造成不良影响。

（4）加油加气加氢站发生火灾时处理

① 发生火灾时应立即切断电源，关闭阀门，停止加油加气加氢。

② 按照灭火预案，应迅速组织灭火。

③ 有秩序地疏散人员，在车辆进出口两侧安排人员进行监督和控制。

④ 拨打 119 火警电话求救，并对火灾周边做好警戒。

⑤ 收藏好经营票据、现金等贵重物品。

⑥ 火灾扑救后，保护好现场，查明起火原因，并做好善后处理。

⑦ 做好安全教育，吸取教训，确保事故不再发生。

（5）燃气储配场站及加油加气加氢站禁令

① 严禁违反操作规程作业。

② 严禁违章指挥、强令他人违章作业。

③ 严禁在站内吸烟、接打手机，严禁携带火种和易燃易爆物品入站。

④ 严禁未经批准的各种机动车辆进入生产区及易燃易爆区域。

⑤ 严禁在生产区及易燃易爆区域，使用汽油擦洗设备及工具等。

⑥ 严禁未按规定办理动火手续，即在站内进行动火。

⑦ 严禁单独从事危险作业，需作业时必须有两人以上，并采取有效的安全防护措施。

⑧ 严禁脱岗、睡岗或酒后上岗。

⑨ 严禁穿着易产生静电的化纤服装及带有铁钉的鞋、高跟鞋，进入生产区及易燃易爆区域。

⑩ 严禁在生产区和易燃易爆区域采用铁制扳手开关阀门。

⑪ 严禁在雷雨天进行燃气装卸作业和放空作业。

⑫ 严禁超压、超量充装。严禁从槽罐车直接向气瓶充装，不允许瓶对瓶倒装。

⑬ 严禁堵塞消防通道及随意挪用或损坏消防设施。

（6）车用气瓶严禁充装规定

① 未经使用登记，或与使用登记不一致的。

② 使用期已超过设计寿命或超过检验期限；定期检验不合格的，或者报废的。

③ 新瓶或者定期检验后的气瓶首次充装，未经置换或者抽真空处理的。

④ 对气瓶及其燃气系统安全性有怀疑的。

⑤ 燃气汽车司乘人员尚未离开车辆的。

⑥ 气瓶内无剩余压力的。

⑦ 气瓶上钢印标记、颜色标色不符合规定，对瓶内介质未确定的。

⑧ 附件损坏、不全或不符合规定的。

⑨ 外观检查存在明显损伤，需要进一步检验的。

⑩ 腐蚀严重的。

⑪ 存在其他危及生命、财产安全的。

（7）城镇燃气场站及加油加气加氢站报警系统

为使员工尽快进行燃气泄漏处理，防止或消除火灾爆炸事故隐患，在城镇燃气各场站（厂站）的储罐区、工艺装置区，加气站、加油加气合建站内 LPG、CNG、LNG 等装置区，加油加气机、加氢机，都应设置可燃气体探测器和报警控制器。

储油罐、LPG 储罐、LNG 储罐、液氢储存容器、储气罐、储氢容器或储气井应设置液位上、下限报警装置，或压力上限报警装置。低压储气罐应设置高、低限位声光报警装置。

报警系统应配有不间断电源。报警控制器宜集中设置在控制室或值班室内。

（8）城镇燃气场站及加油加气加氢站紧急切断系统

当城镇燃气场站（厂站）、加油加气加氢站处在超压、超温、泄漏、火灾事故状态或事故初始，紧急切断（阀）系统能迅速切断燃气压送机、LPG 泵、LPG 压缩机、加油泵、CNG 压缩机、LNG 泵、氢气压缩机、液氢增压泵的电源和关闭重要的 LPG、CNG、LNG、氢气管道阀门，防止或阻止事故进一步扩大。设置的紧急切断系统应具有失效保护功能，在机泵前必须设有紧急按钮。

为防止误操作，一般情况下紧急切断系统启动后，需人工确认设施恢复正常后，才能人工操作使系统恢复正常。

（9）运输燃气的汽车规定

在运输、装卸和储存液化石油气、压缩天然气和液化天然气过程中，若操作不当，可能会造成人员伤亡、财产毁损和环境污染，因此需要特别防护。对燃气的运输，应按照《危险货物道路运输安全管理方法》（2019 年 11 月 10 日公布、2020 年 1 月 1 日起施行）中的规定执行。

9.9 设备与管道

（1）安全装置

输气管道及燃气管道系统、城镇燃气门站、储配站及各类加气站内管道应根据系统要求设置安全保护及放散装置，其功能是在超压情况下能开启放散泄压。通常采用弹簧封闭全启式安全阀，也可采用远程遥测、遥控安全装置。

（2）特种设备监察制度

特种设备有两个基本特征：一是涉及生命安全；二是危险性较大。为了加强特种设备的安全监察，防止和减少事故，保障人民群众生命和财产安全，促进经济发展，生产、使用特种设备的单位必须遵循如下监察制度。

① 特种设备的设计、制造、安装、维修、改造，必须按照《特种设备安全监察条例》（国务院令第 549 号）（2009 年修订）要求依法取得许可证后，方可从事相关业务。如未经许可而从事特种设备相应活动或者伪造许可、核准证书的，不予受理或者不予许可、核准，并在 1 年内不再受理其新的许可、核准申请。

② 特种设备生产、使用单位应当建立健全特种设备安全、节能管理制度和岗位安全、节能责任制度。

③ 特种设备在投入使用前或投入使用后 30 天内，使用单位应向安全监督管理部门登记。登记的标志应置于该设备的显著位置。

④ 特种设备使用单位应按照相关安全技术规范的定期检查要求，在安全检验合格有效期届满前 1 个月向特种设备检验检测机构提出检验要求。

⑤ 特种设备上设置的安全附件、安全保护装置、测量调控装置必须符合相关规定，并定期进行检验。

⑥ 特种设备作业人员应经特种设备安全监督管理部门考核合格，取得特种作业人员证书后，方可从事相应作业或者管理工作。

⑦ 特种设备使用单位应当制定事故应急专项预案，并定期进行事故应急演练。

⑧ 特种设备必须定期检验，使用未经定期检验或检验不合格的特种设备，将按有关规定给予罚款；触犯刑法的还要依法追究刑事责任。

（3）特种设备报废和停用再重新投入使用规定

特种设备不用或报废，应向当地质监部门申请报停或注销。

已停用的特种设备要重新使用，应向当地质监部门申报，并经检验合格后方可投入使用。

（4）燃气设备爆炸主要原因

燃气设备发生爆炸的主要原因是燃气的泄漏，其中包括：

① 燃气设备使用年久，平日维护不够。

② 生产发生突发事故，停电处理不及时或处理不当。

③ 设备及管道上安装的安全阀年久失灵，超压时不起跳。

④ 安装在设备上的防爆板及盲板，年久失修或腐蚀。

⑤ 使用燃气的锅炉、窑炉或加热炉，如鼓风机遇到突然停电，会造成燃气倒流。

⑥ 锅炉、窑炉或加热炉停用时，由于燃气阀及火嘴不严，燃气会流入炉内。

⑦ 燃气设备正压点火。

⑧ 设备检修时吹扫不净，又不取样化验而动火。

⑨ 用气时违规操作，先送气后点火，即“气等火”；火嘴点不着再点火时，对炉膛未做通风处理。

⑩ 遇到不可抗拒的自然灾害。

（5）管道燃气安全事故主要原因

管道燃气安全事故主要包括户外管道设施和户内用户燃气事故。

管道燃气安全事故发生主要原因是设备及管道材料选用、施工、安全设施不达标，管道发生疲劳、腐蚀、冲蚀破坏；自然灾害、外部机械破坏、人为破坏，违章作业或误操作、管理不善等。

① 设备及管道材料：设备及管道材料未按燃气介质、输送压力、温度选用，或选用的材质有缺陷。选用的阀体、法兰、垫片有质量问题或公称压力、适用范围选择不对，或选用的是淘汰产品、市场流通环节假冒伪劣产品。设备及管道超年限使用。

② 施工：设备制造、机械加工、焊接装备工艺不合理，阀门、法兰连接不严密，或管道存有裂纹及焊接缺陷等造成的质量问题。

③ 安全设施：设备及管道上安装的安全放散阀、防爆片等不起作用；危险区域的电气设备不防爆，无防雷、防静电或虽有但不起作用，燃气用具又缺乏熄火保护装置。

④ 疲劳破坏：在反复交变载荷的作用下，管道将发生疲劳破坏。主要是金属的低周疲劳，其特点是应力较大而交变频率较低，随着应力周期变化，裂纹也

会逐步扩展，最后导致破坏。

⑤ 腐蚀破坏：管道的腐蚀是由于受到内部介质及外部环境介质的化学或电化学作用而发生的破坏，也包括机械等原因的共同作用结果。金属管道的腐蚀破坏的形态有全面腐蚀、局部腐蚀、应力腐蚀、腐蚀疲劳和氢损伤等。其中应力腐蚀往往在没有先兆的情况下突然发生，故其危害性更大。

⑥ 冲蚀破坏：管道内壁介质的长期、高速流动会使管道组成件内壁减薄或密封遭受破坏，影响其耐压强度和密封性能。随着使用时间的延长，由内壁减薄造成的耐压力下降或密封损坏而形成的泄漏成为事故的根源。

⑦ 自然灾害：现我国已初步形成了全国性天然气管网系统，我国又是地质灾害与地震等自然灾害多发国，地震、洪水、滑坡、泥石流、雷击等都会给燃气设备、管道系统带来危害。

⑧ 外部机械破坏：随着城市建设，第三方在施工前缺乏与燃气部门沟通，在未制定燃气设施保护方案情况下擅自施工，时有燃气管道被施工机械损坏或挖断现象，造成管道设施损坏泄漏。

⑨ 人为破坏：有些人破坏燃气设施盗窃燃气；有的人以自杀或谋杀为目的故意制造燃气事故。

⑩ 违章作业或误操作：在燃气生产中存在超压运行，安全责任和管理措施不落实，违章作业或误操作，加上燃气设施保养、维护不及时，也能导致事故发生。

⑪ 管理不善：燃气生产和经营都应有完整的管理体系，若企业没有完整的规章制度，员工未经专门技术培训，盲目上岗，操作不认真；管理人员未履行管理职责；设备更新不及时，没有定时维修保养，安全保护设施不齐全；不按规定巡检、管道上的严重缺陷或损伤未能被检测发现，或缺少科学评价，以及不合理的维修工艺造成新的缺陷和损伤等，都会给生产带来安全隐患。

⑫ 用气不当：用户对燃气特性了解不够，安全用气知识缺乏，为装修方便或美观，将燃气灶具、热水器设施私自拆卸改装、软管与燃具连接不牢固，甚至脱落；软管老化开裂、软管被老鼠咬破破损、使用燃气时无人看管造成熄灭、用户没有养成及时关闭燃气管道阀的习惯等，这都是导致户内燃气泄漏爆燃事故的原因。

部分物业未落实监督责任、未与燃气企业沟通联系，在小区内擅自进行植树绿化、给排水管道改造、道路修整等施工，也会造成庭院燃气管道损坏。

（6）燃气设备及管道安全事故处理

燃气设备及管道一旦发生安全事故，燃气管理部门、安全生产监督管理部门和公安机关消防机构等有关部门和单位，应当根据各自职责，立即采取措施防止事故扩大，根据有关情况启动燃气安全事故应急预案。为控制和把事故损失降低到最低限度，其主要应急处理方法是：

① 应立即关闭与燃气爆炸有关的阀门，切断气源，拨打 119 火警及燃气管理部门的电话。

② 燃气经营者应当立即启动本单位燃气安全事故应急预案，组织抢险。

③ 在事故发生地严加戒备，禁止通行。

④ 消除火源，控制可燃物与助燃物。

⑤ 如有受伤人员应组织抢救，并拨打 120 救护电话。

⑥ 根据安全事故大小，如需人员疏散应立即组织疏散。

⑦ 根据事故分析，如有可能再次发生，应设立安全范围，并严禁火源带入。

⑧ 在确定事故不可能再发生后，组织有关人员查看现场，查找事故原因，在未查明原因前，不得抢修、不得急于供气。

⑨ 事故原因查找后，应立即组织人抢修，要尽快恢复生产、供气。

⑩ 燃气安全事故经调查确定为责任事故的应当查明原因、明确责任，并依法予以追究。

⑪ 对燃气生产安全事故，应依照有关生产安全事故报告和调查处理的法律、行政法规的规定报告和调查处理。

⑫ 对事故发生原因及人员伤亡、财产损失、处理结果，应向社会公告。

（7）压力管道上安全保护装置

压力管道为特种设备，应安装具有切断燃气气源、泄压或发出报警信号等功能的安全保护装置。安全保护装置是指压力管道上安装的紧急切断阀、安全放散装置、压力表、爆破片及可燃气体泄漏报警等装置。

9.10 燃气用户

（1）管道燃气供气压力控制

对于城镇燃气，全天用气量是不均衡的，白天三餐时段是用气高峰时段，夜晚用气较少。夏天用气量比冬天要少。无论是夏天、冬天还是白天、夜晚，管道内的燃气压力都应经调压装置将燃气压力控制在一定范围之内。如供气范围大可设区域调压站（柜），供气范围较小时可设楼栋调压箱，以保证用户燃具前的压力被控制在用气安全范围之内，即燃具使用压力始终是稳定的。

（2）燃气用户安全用气要求

燃气的正确使用不仅关系到我们自己的生命财产安全，更是全社会的责任，所以燃气用户为安全用气应做到：

① 家庭用户应购买设置熄火保护装置的燃具。燃气用户首次点火前，应在燃气公司工作人员的指导下，先仔细阅读燃气用户须知，了解燃气特性、学会燃具操作、掌握一般事故处置方法。首次点火应由燃气公司专业人员示范操作，不得擅自点火。

② 用户不得随意变更灶具结构。使用的燃气灶具应是经国家质检部门认定的合格产品，不得使用老式红外线燃气灶具以及节能圈等，以免因燃烧不充分而引起一氧化碳中毒。

③ 燃气使用前应先对燃气设施进行检查，无问题后先打开燃气表后管道阀，再开燃气灶具旋塞阀。

④ 使用燃气时应有人看管，烧水、煮奶、煮粥时器皿不要装得太满，以防溢出将火焰浇灭，导致燃气漏于室内酿成爆炸失火事故。不得使用燃气烘烤衣物。

⑤ 用气完毕后要先关闭燃气灶具旋塞阀，然后关闭燃气表后管道阀，做到人走火灭。如外出探亲访友、旅游或晚上睡觉前，也应检查双阀是否关闭，确保安全。如果没有关闭燃气表后管道阀，一旦发生软管松动或脱落，会导致燃气泄漏。

⑥ 使用燃气灶具的厨房应与其他房间隔开，要有门窗，要通风良好。用气时应关门开窗。

⑦ 使用燃气的厨房，应有机械通风设施。用户应自备小型灭火器，以备发生火灾时扑救。

⑧ 不得将燃气热水器安装在浴室内使用。严禁使用直排式燃气热水器。使用强排式或烟道式燃气热水器一定要安装通向室外的排烟管。最好使用低碳、节能、环保的新型燃气热水器。

⑨ 在装有燃气表和燃气管道的房间不得住人。不允许在燃气管道上搭挂物品，以防造成管道接口松动发生漏气。主管道阀门处不得堆放杂物，更不得镶嵌在墙内。

⑩ 禁止在燃气管道上缠绕电线或将燃气管道当作接零、接地线，以免产生电火花引起燃气事故。

⑪ 禁止私自改变燃气用途（如私自安装单体采暖用的燃气热水炉）和扩大用气范围，禁止私拆、私改燃气设施。禁止将室内燃气管道暗埋、暗封，如需要改动，应向燃气公司相关部门申请办理，经批准后由专业人员上门施工。私改燃气设施是属于违法行为。

⑫ 如家中突然停气，即刻关闭燃气灶具阀和燃气表后管道阀。

⑬ 在同一厨房间不得使用两种或两种以上气源和火源。

⑭ 连接燃气表后管道阀和燃气灶具阀的软管，是燃气事故的多发处。应使

用不锈钢波纹管。软管不得超过 2m，不得穿墙。禁止在软管上安装阀门或连接时使用三通形成两个支管。软管应在灶面下自然下垂，且保持 10cm 以上的距离。当软管存在折弯、拉伸、龟裂、老化等现象时不得使用。软管的连接两端宜采用螺纹连接，采用插入式连接时应有可靠的防脱落措施。

⑮ 在人员密集的室内公共场所使用燃气和安装有燃气设备的地下或半地下建筑物内，必须安装燃气泄漏报警装置和安全自动保护装置。

⑯ 燃气用于商业和公共服务部门，如公共炊具、小型锅炉、燃气制冷空调、热电联产系统时，由于耗气量大、烟气多，应设有排烟装置，将烟气排至室外。

⑰ 冬季天冷，尤其北方家家户户门窗紧闭，室内通风条件差，是燃气事故的多发季节。对于使用燃气炉取暖的用户，切记不要紧闭门窗，应保持室内通风透气，避免缺氧窒息。

⑱ 用户应定期用肥皂水检查室内燃气设备接头、阀门、连接软管等部位是否漏气，严禁用火柴或打火机检漏。如发现有气泡冒出或察觉空气中有臭鸡蛋、汽油、臭大蒜气味时，应意识到可能是燃气泄漏。此时切勿惊慌，要冷静采取正确的自救方式：不要开关电灯或者其他用电设施，包括拨打手机；首先要关闭燃气总阀，然后开窗通风，并迅速离开现场到室外拨打燃气公司的抢修电话。

⑲ 切勿将打火机、杀虫剂等易燃物品放置在灶具旁；灶具上油渍、污渍应经常清洗，以免积聚日久，引起火灾。

⑳ 不准未成年人单独使用燃气，要教育儿童不要玩弄燃气表后管道阀和燃气灶具旋塞阀，以免发生燃气泄漏事故。

㉑ 应配合燃气公司将橡胶软管改换为不锈钢波纹管。

㉒ 需注意是居民室内着火，救火时不要贸然打开门窗，以免空气对流，加速火势蔓延。

（3）户内燃气设施安全检查

为有效预防燃气泄漏，减少人员伤害和财产损失，燃气供应单位应安排专职安全检查员（简称安检员）对户内燃气设施进行定期安全检查，通过检查能及时发现和消除户内燃气设施隐患、降低潜在风险，提高企业安全运营水平，增强用户安全用气意识，能有效地避免燃气事故的发生。

户内燃气设施的安全检查应制定检查周期及详细工作计划，对商业用户、工业用户、采暖等非居民用户每年检查不得少于 1 次，并注意是否有违法用气；对居民用户每 2 年检查不得少于 1 次。在检查中需燃气公司检修的应及时上报并派维修人员到现场维修；如是用户整改的隐患，应当场向用户下发隐患整改通知书，并跟进整改结果，直至最终消除隐患。检查要有居民《户内燃气设施安全检查确认单》，安检员签字，并经用户确认签字，一式两份，各留一份。

对于一些用户因出差、房屋空闲等各种原因，造成家中燃气设施没有进行年度“体检”的，燃气公司可与用户约定，只要用户拨打燃气公司客服电话，即安排安检员上门对其燃气设施进行全面的安全检查，以确保安全用气。

（4）燃气安检员入户安全检查应具备条件

燃气安全检查一般由独立的安全检查管理所或安全检查班组组织实施，并设有抽检管理员岗位监督安全工作质量。安全检查部门应制定居民户内燃气设施安全检查操作规程、居民户内燃气设施安全检查操作程序、居民户内燃气设施安全检查注意事项等，并经公司批准。

安全检查员简称安检员，应选择有维修经验、沟通表达能力较强、工作认真负责的人员担任。上岗前应由当地劳动部门对安检员组织培训。经培训的安检员应熟悉燃气安全技术，熟练掌握安检操作规程、安检操作程序、安检注意事项、安检工作具体内容及工作流程，对入户检查出的违章现象及存在的隐患能归类分项，熟悉处理原则及入户服务规范等，经考试获得上岗证后方可上岗操作。为树立及维护公司优质服务形象，上岗操作的安检员必须着装整齐，并在安检时间内佩戴工作证。

安全检查后应由安检员和用户在户内燃气设施安全检查确认单上签字，一式两份，用户留一份，安检员一份交燃气公司存档备查。对检查出的问题，应由用户整改的部分，应向用户提出限期整改。

（5）居民用户燃气设施安全检查部位及主要内容

居民用户燃气设施安全检查一般有 9 个部位，其检查部位及主要内容是：

① 阀门：有表前管道阀门、表后管道阀门（火嘴）、电磁切断阀门及灶具旋塞阀。应检查是否因阀门位置不当、年久失修、锁紧螺母松动、缺油、腐蚀、包封等引起漏气，尤其是表后管道阀和灶具旋塞阀，每天多次启闭，易导致阀门快速磨损老化而发生燃气泄漏。居民户内燃气阀门使用寿命一般为 5～10 年，应检查是否超期使用。

居民用户安装的火嘴有单火嘴和双火嘴。双火嘴是否有闲置火嘴、火嘴是否隐蔽、火嘴是否在灶下、火嘴是否关闭方便、火嘴是否存在故障、火嘴是否密封。

② 主管及表后管：检查是否有私拆私改，是否穿越卫生间浴室、卧室，是否悬空、负重、搭电线、包封、腐蚀、漏气及固定是否到位牢固。

③ 燃气表：燃气表是计量工具，检查燃气表外观及铅封是否完好，安装位置是否符合规范要求、是否锈蚀漏气、包封、通风等情况。

④ 燃气灶具：检查灶具应使用经国家质检部门认定合格的带有熄火保护装置的燃气灶具，严禁使用老式红外线灶具、节能圈等。燃气灶具的判废年限为 8 年。

⑤ 软管：检查使用的软管是否已更换为不锈钢波纹管、是否连接三通、过长、超出使用期、穿过墙或门窗、离火孔距离过小、老鼠咬、老化、龟裂，有否可靠固定、有否脱落及安装不到位现象。新通气的用户必须使用不锈钢波纹软管。

⑥ 热水器：检查燃气热水器选型及是否与所用燃气匹配，安装、包封、使用期、排烟管。严禁使用直排式燃气热水器。使用强排式、平衡式或烟道式热水器，排烟管是否通向室外或插入公共烟道、腐蚀、漏气。

⑦ 通风：检查用气灶间通风是否良好，是否配置进风口、排风口、排风扇、排油烟机及燃气泄漏报警。

⑧ 违规用气及环境：检查是否使用双气源、“三无设备”，是否存在管道搭挂重物、燃气设备缠绕电线、燃气设施附近存放易燃易爆物等现象。

⑨ 偷盗气：查表前是否存在安装接头、拆卸燃气表、私改管道、破坏燃气表铅封进行偷盗气等情况。

燃气供应单位在进行安检期间最好取得社区及物业公司的支持，在楼宇单元门应张贴安全检查告知单，对有条件的可设置安全检查现场咨询台，以提高用户对燃气安检工作的了解和支持。进户检查时要向用户对燃气常识进行安全宣传，并建议用户安装可燃气体浓度报警器且与切断阀联动。

（6）安装燃气泄漏报警切断装置

燃气用户一旦发生燃气泄漏，如不及时发现或处理，将会失去遏制事故发生的宝贵时间，会使事故扩大。如燃气用户安装了家用燃气泄漏报警切断装置，当泄漏的燃气在空气中的浓度达到爆炸下限的20%时，该装置会立即报警，并及时关闭切断阀控制住燃气泄漏，防止中毒、火灾及爆炸事故的发生。所以，应对未安装燃气泄漏报警切断装置的用户进行宣传，建议用户尽早安装。

9.11 运行作业

（1）运行

从事燃气运输、储配、供应的专业人员，按照工艺要求、操作规程及安全管理等，对燃气设施进行操作、巡视、记录等常规工作，包括向各类用气户供应燃气的全过程，叫作运行。

（2）用户通气

向新用户开栓供气或用户停气后恢复供气称为用户通气。燃气设施新建，或维护、检修、抢修作业完成后，应进行全面检查；燃气设施置换合格通气前，应通知用户并再做严密性试验，符合运行要求后方可向用户通气或恢复通气。

（3）降压、停运和停气

① 降压：当燃气设施发生不正常运行或事故需要维护和抢修时，为了操作安全和维持部分供气，将燃气供气压力调节至低于正常供气压力的作业叫作降压。降压作业时间宜避开高峰和恶劣天气，降压过程中应控制降压速度，并严禁燃气设施内产生负压。输送密度比空气大的燃气，其管道降压作业时，应采用防爆风机驱散在工作坑或作业区内聚积的燃气。

② 停运：装置或组件有目的地停用，包括检修。

③ 停气：在燃气供应系统中，停止气源生产或采用关闭阀门等方法将气源切断，燃气供应量为零的作业叫作停气。停气作业时间宜避开高峰和恶劣天气，其设备或管段内的燃气必须安全地排放或置换合格。输送密度比空气大的燃气，其管道停气作业时，应采用防爆风机驱散在工作坑或作业区内聚积的燃气。

（4）燃气管道带压开孔

利用专用的机具在有压力的燃气管道上加工出孔洞，操作过程中无燃气外泄的作业。在带压情况下在燃气管道上接支管或对燃气管道进行维修更换作业时，应根据管道材质、输送介质、敷设工艺状况、运行参数等制定合适作业方案。开孔作业时作业区内不得有火种。参加作业的操作人员应按规定穿戴防护用具，并配备有效的灭火器材。

在大管径和较高压力管道上作业时，应做管道开孔补强。补强可采用等面积补强法。

在作业区域应设置护栏和警示标志，现场必须有专人监护。

（5）封堵、维护和抢修

① 封堵：是在开孔处将封堵头送入管道并密封管道，从而阻止管道内燃气流动的作业。

② 维护：为保障燃气设施正常运行，预防故障、事故发生而进行检查、维修、保养工作。

③ 抢修：燃气设施发生危及安全的泄漏以及引起停气、中毒、火灾、爆炸等事故时，采取紧急措施的作业。

（6）作业区、警戒区和监护

① 作业区：燃气设施在运行、维修或抢修时，为保证操作人员和维修人员正常作业所确定的区域。

② 警戒区：是在燃气设施发生事故后，已经或有可能受到影响及事故原因调查需进行隔离控制的区域。

③ 监护：在燃气设施运行、维护、抢修作业时，对作业人员进行的监视、

保护；或对其他工程施工等可能引起危及燃气设施安全而采取的监督、保护。

9.12 燃气的生产和使用过程可能产生的噪声危害、毒性危害和职业暴露危害

（1）环境噪声及燃气噪声对人体危害

环境噪声是指在工业生产、建筑施工、交通运输和社会生活中所产生的影响周围环境的声音。噪声会引起人们烦躁无法安心工作、学习、生活。通常噪声指的是工业噪声。科学上用“分贝（dB）”作为衡量声强的单位。

GB 3096—2008《声环境质量标准》中规定了五类声环境功能区的环境噪声限值，见表 9.4。

表 9.4 各类声环境功能区的环境噪声限值

<table>
<tr><th rowspan="2">声环境功能区类别</th><th colspan="2">环境噪声限值/dB</th><th rowspan="2" colspan="2">声环境功能区类别</th><th colspan="2">环境噪声限值/dB</th></tr>
<tr><th>昼间</th><th>夜间</th><th>昼间</th><th>夜间</th></tr>
<tr><td>0 类</td><td>50</td><td>40</td><td colspan="2">3 类</td><td>65</td><td>55</td></tr>
<tr><td>1 类</td><td>55</td><td>45</td><td rowspan="2">4 类</td><td>4a 类</td><td>70</td><td>55</td></tr>
<tr><td>2 类</td><td>60</td><td>50</td><td>4b 类</td><td>70</td><td>60</td></tr>
</table>

注：0 类—康复疗养区等特别需要安静的区域；1 类—以居民住宅、医疗卫生、文化体育、科研设计、行政办公为主要功能，需要保持安静的区域；2 类—以商业金融、集市贸易为主要功能，或者居住、商业、工业混杂，需要维护住宅安静的区域；3 类—以工业生产、仓储物流为主要功能，需要防止工业噪声对周围环境产生严重影响的区域；4 类—交通干线两侧一定区域之内，需要防止交通噪声对周围环境产生严重影响的区域，包括 4a 类和 4b 类两种类型。4a 类为高速公路、一级公路、二级公路、城市快速路、城市主干路、城市次干路、城市轨道交通（地面段）、内河航道两侧区域；4b 类为铁路干线两侧区域。

燃气噪声是燃气站场中发电机、燃气压送、调压间、加气站中压缩机间，燃气通过燃烧器等，尤其是压缩天然气加压装置发出的声音，是环境噪声的一种。当环境噪声超过 55dB，就开始对人体产生不同程度危害。噪声对人体的主要危害是：

① 若人们长期生活在平均 70dB 噪声环境中，可使心肌梗死的发病率增加 30%。

② 长时间在 85dB 的噪声环境中生活，能使大脑皮层兴奋抑制过程失调，听觉产生潜在损害，有 10%耳聋风险。到 95dB 的时候，有近三分之一的人可能失去听力。

③ 当噪声达 100～120dB 时，对听觉会产生伤害，人眼对光亮度的适应性至

少降低 20%，有的甚至降低一半；噪声强度超过 120dB 时，不少人对于运动物体的反应“暂时失灵”；引起心血管系统病症，使人感到痛苦，一分钟即可使人暂时耳聋。

④ 当噪声达到 150dB，可使人神经系统受到严重刺激，如长时间接触则有生命危险。

据医学研究表明，噪声能引起人们视觉细胞敏感性下降，对视力造成损害，并会造成听力损伤甚至噪声性耳聋；神经系统功能紊乱，消化不良和胃溃疡；使人心跳加快，心律不齐，血管痉挛，血压升高，从而形成冠心病和动脉硬化。所以，用于燃气的设备应尽量选择低噪声的。对于无法控制的噪声声源，应采取吸声、消声、隔振等技术措施尽可能降低或控制噪声污染。

（2）空气中有害气体的含量规定

为了防止中毒，保护环境不受污染，国家对人工燃气工作场所内空气中有害气体含量的规定见表 9.5。

表 9.5　空气中有毒气体含量的规定

有害气体名称	在空气中允许含量标准/(mg/L)
一氧化碳	0.03
二氧化碳	2.00
酚	0.005
氨气	0.02
氰化物	0.0003

（3）燃气中毒急救

发生燃气中毒的主要原因是燃气泄漏或燃气燃烧不完全产生一氧化碳。中毒分轻、中、重度三种：轻度中毒时一般症状表现为头晕、心悸、恶心、四肢无力，神志一般清楚；中度中毒时人处于推而不醒的昏迷状态，伴脸色及口唇呈樱桃红色；重度中毒时人出现神志不清、呼之不应、大小便失禁、四肢发凉、瞳孔散大、血压下降等症状。

如发生燃气中毒，应立即拨打急救电话 120 或报警电话 110，要讲清详细地址、联系人姓名及电话号码，派人到路口迎候，并立即组织抢救。

应迅速将中毒者撤离现场移至空气新鲜通风处，解除一切阻碍呼吸的衣物，使患者能自由呼吸到新鲜空气，并注意保暖。

判断中毒者意识是否清醒，有无心跳，有无自主呼吸。检查中毒者气道是否畅通，如果有大量的呕吐物或分泌物，要清理干净，以防污物进入咽腔而导致窒息。如发现中毒者呼吸、心跳极微弱或停止，应在清理口鼻部异物后立即给予心脏胸外按压和人工呼吸。有条件的，可给予中毒者氧气。

(4) 燃气场站职业病危害因素

根据燃气工艺管道、场站设备选型，生产区工艺设备和辅助区设施及维抢修作业等，存在燃气主要职业病危害因素，见表9.6。

表9.6　燃气主要职业病危害因素

项　目	主　要　设　施	职业病危害因素	岗　位
燃气输送管道	埋地敷设的管道	巡线日照紫外线及高温	线路巡线员
场站工艺设备	清管器、过滤分离器、计量表、紧急截断阀、调压及放空系统	甲烷、非甲烷碳氢化合物、硫化物、二氧化碳、噪声	岗位操作工
辅助设施	变配电室、控制室、发电、机泵房、锅炉房、机修间	甲烷、非甲烷碳氢化合物、硫化氢、一氧化碳、氧化氮、工频电场、噪声	岗位操作工
维修、抢修作业	坡口打磨工、电焊工、发电机	打磨机粉尘、电焊烟气、紫外线、一氧化碳、氧化氮	机修、电焊工

(5) 防止中毒窒息规定

① 对从事燃气生产、运营作业人员及应用人员应进行燃气危险特性及防毒急救安全知识教育。

② 工作环境（设备、容器、井下、地沟等）氧含量必须达到20%（体积分数）以上，毒害物质浓度应符合国家规定时方能进行工作。

③ 在有毒场所作业时，必须佩戴防护用具，必须有人监护。

④ 进入缺氧或有毒气体设备、容器内作业时，应将与其相通的管道加盲板隔绝。

⑤ 在有毒或窒息危险的岗位，要制订事故、应急预案防救措施和设置相应的防护用器具。

⑥ 对有毒有害场所的燃气浓度要定期检测，使之符合国家标准。

⑦ 对各类有毒物品的防毒器具必须有专人保管，并定期检查。

⑧ 涉及和监测燃气浓度的检测仪表和报警器要定期检查，要保持完好。

⑨ 在有毒有害的燃气场所作业时必须有两人在场。

⑩ 在有毒有害燃气场所作业时要保持通风。

⑪ 发生人员中毒、窒息时，处理及救护要及时、正确。

⑫ 健全燃气安全生产、运营管理制度，并严格执行。对达不到规定卫生标准的作业场所，经整改仍达不到标准的应停止作业。

(6) 劳动防护用品及配备

在燃气生产场所，尤其有毒燃气，用以保障作业人员安全和隔离燃气的防护用具，一般有工作服（严禁使用化纤衣料制作）、工作鞋、手套、安全帽、耳塞、隔离式呼吸用具等。LNG生产场所工作人员必须佩戴头盔、防护面罩、皮革手套，穿无袋的长裤及高筒靴（把裤脚放在靴的外面）、长袖的衣服。在缺氧条件下，需戴呼吸设备。

在进行岗位培训时，必须使工作人员了解燃气特性，尤其是LNG暴露产生的危害和影响，防护用品的作用和正确的使用方法。

劳动防护用品是指生产经营单位为从业人员所配备的，使其在劳动过程中免遭或者减轻事故伤害及职业危害的个人防护装备。使用劳动防护用品，是保障从业人员人身安全与健康的重要措施，也是保障生产经营单位安全生产的基础。

9.13 燃气场站潜在火源与火灾分类

（1）火源种类

火源的种类有明火、电气火花、静电火花、撞击火花、雷电、自然火等。

（2）防爆电气设备

防爆电气设备主要指在危险场所、易燃易爆场所所使用的电气设备。常用的防爆电气设备主要分为防爆电机、防爆变压器、防爆开关类设备和防爆灯具等。

燃气泄漏时如使用非防爆电气设备或电话（包括座机、手机），易产生电火花，引起爆燃。

（3）明火地点、明火设备及散发火花地点

① 明火地点：室内外有外露火焰、赤热表面的固定地点。

② 明火设备：燃烧室与大气连通，非正常情况下有火焰外露的加热设备和废气焚烧设备。

③ 散发火花地点：有飞火的烟囱或室外的砂轮、电焊、气焊、气割作业及室外非防爆的电气开关等固定地点。

（4）燃气场站内潜在火源

燃气场站内生产区不允许有火源存在，但有潜在火源存在。存在的潜在火源主要有：电线接头松动或电机封闭不严电器设备产生的火花、使用金属工具碰撞产生的火花、燃气管道及操作工穿化纤服装等静电产生的火花、操作失误或加热设备故障导致的高温及其他火源等。

（5）动火

动火是指能直接或间接产生明火、火花、炽热表面的施工作业。

燃气设备或管道需要动火作业时，应有燃气企业的技术、生产、安全等部门配合与监护。直接动火人要随身携带动火证，严禁无证及审批手续不完备进行作业。

（6）燃气设备或管道动火原则

一是没有安全主管部门批准的动火票不动火；

二是置换不彻底不动火；

三是分析不合格不动火；

四是管道不加盲板不动火；

五是防护措施不落实及监护人不在现场不动火。

（7）燃气设备或管道动火规定

在燃气设备或管道上动火，除必须使上下人孔、放散管等保持自然通风外，还应遵守下列规定：

① 燃气动火作业必须要有动火作业方案和安全措施，并要取得公司、场站或安全主管部门的分级审批，即要有动火票。

② 带燃气作业或在燃气设备或管道上动火，设备或管道内燃气必须保持正压，动火部位要可靠接地，在动火部位附近应安装压力表。

③ 动火作业区内可燃气体浓度应小于其爆炸下限的20%（体积分数）。

④ 参加作业的操作人员应按规定穿戴防护用具。在动火作业过程中，操作人员严禁正对管道开口处。

⑤ 燃气设备或管道内部的燃气吹扫或置换，应用蒸汽、氮气或烟气为介质。

⑥ 吹扫或置换是否达到要求，可用可燃气体检测仪测定，并经取空气样分析，含氧量应接近作业环境空气中的含氧量、一氧化碳分析含量应不超过$30mg/m^3$。或爆炸试验确认在动火全过程中不会形成爆炸性混合气体。

⑦ 动火作业引起的火焰，必须有可靠、有效的方法将其扑灭。

⑧ 在动火作业现场，应划出作业区，并应设置护栏和警示标志。现场必须有专人监护。

（8）火灾分类

火灾是指在时间和空间失去控制并对人身和财产造成损害的灾害性燃烧现象。在各种灾害中，火灾是最经常、最普遍地威胁公众安全和社会发展的主要灾害之一。发生火灾的主要原因：一是人为的不安全行为（包括放火）；二是物质的不安全状态；三是工艺装置缺陷；四是不可预见的自然灾害等。

发生火灾产生的热辐射、气浪及燃烧产物，会对财产造成损失，对人体造成伤害。

GB/T 4968—2008《火灾分类》中根据可燃物的类型和燃烧特性将火灾分为A、B、C、D、E、F六类。

A类火灾：固体物质火灾。这种物质通常具有有机物性质，一般在燃烧时能产生灼热的余烬。如木材、干草、煤炭、棉、毛、麻、纸张等物质燃烧的火灾。

B类火灾：液体或可熔化的固体物质火灾。如柴油、煤油、原油、甲醇、乙醇、沥青、石蜡、塑料等物质燃烧的火灾。

C类火灾：气体火灾。如人工燃气、液化石油气、天然气及油气等物质燃烧的火灾。

D类火灾：金属火灾。如钾、钠、镁、钛、锆、锂、铝镁合金等物质燃烧的火灾。

E类火灾：带电火灾；物体带电燃烧的火灾。如电器元件与设备及电线电缆等物质燃烧的火灾。

F类火灾：烹饪燃烧器具内的烹饪物（如动植物油脂）火灾。

发生火灾通常分为初起、发展、猛烈、下降和熄灭五个阶段。

（9）可燃气体火灾危险性分类

根据现行国家标准GB 50160—2008《石油化工企业设计防火标准》（2018年版）的有关规定，可燃气体的火灾危险性分为甲类和乙类两种。可燃气体的火灾危险性分类见表9.7。

属于危险性甲类的气体有：甲烷、乙烷、乙烯、丙烷、丙烯、丙二烯、丁烷、丁烯、丁二烯、顺丁烯、反丁烯、氢及硫化氢等。城镇燃气中的一氧化碳属于火灾危险性乙类。

表9.7 可燃气体的火灾危险性分类

类别	可燃气体与空气混合物的爆炸下限
甲	<10%(体积分数)
乙	≥10%(体积分数)

（10）燃气管道安全报警与自动控制系统功能

① 当室内燃气供应系统发生设备故障或燃气泄漏时，能部分或全部地切断气源。

② 当安全需要，可以对本建筑室内燃气供应系统实施部分或全部进行控制或切断。

③ 当发生不可预见的自然灾害时，燃气供应系统能自动切断进入建筑室内的总气源。

④ 对建筑室内的燃气供应系统运行状态能进行监控。

⑤ 安全报警和自动控制系统，应设置在中心控制室或安保中心，必须长时间有人值守。

（11）安全监测与控制系统

天然气作为城镇清洁能源已逐渐被人们所重视，燃气需求量在逐年增大，燃气设备及输配管网规模及分布不断扩大，与电力、通信、热力、给排水等层叠交叉，且受交通、建筑等各种环境因素影响，一旦发生燃气泄漏将会给人民生命财产带来严重危害。为保证燃气设备及输配管网安全运行，需采用高新技术对管网关键部位的主要运行工况进行 24 小时监控，能及时对故障点快速定位，以确保燃气设备及输配管网运行的安全性。

监测与控制系统，简称监控系统。监测系统的监测参数主要包括：燃气的进站压力、温度、流量、组分；出站压力、温度、流量；过滤器前、后压差；调压器前、后压力；臭味剂加入量；可燃气体浓度。控制系统的控制对象主要是进站、出站管道上设置的可远程操控的阀门。

监测与控制系统是采用计算机可编程控制系统，收集监测参数与运行状态，实现画面显示、运算、记录、报警以及参数设定等功能，并向监控中心发送运行参数，接受调度中心的调度指令。

9.14 消防工作方针及消防器材使用

（1）消防及我国消防工作方针

消防是预防和扑灭火灾工作的总称。

《中华人民共和国消防法》第二条：消防工作贯彻预防为主、防消结合的方针，按照政府统一领导、部门依法监管、单位全面负责、公民积极参与的原则，实行消防安全责任制，建立健全社会化的消防工作网络。

（2）火灾隐患及特性

火灾隐患也叫火险隐患。火灾隐患是指潜在或固有的火灾危险性和火灾危害性，或者火灾发生时加大对人员、财物的危害，或影响人员疏散以及妨碍火灾扑救的一切不安全因素。

火灾隐患，一般具有隐蔽性、潜在的危险性、动态性及难以预料性。

① 隐蔽性：一些火灾的隐患具有一定的隐蔽性，如没有一定的专业知识是难以发现的。另外一些单位对存在火灾隐患不重视，存有侥幸心理。

② 潜在的危险性：不发生火灾没事，如一旦发生火灾，就会给人身带来伤害、给财物带来损失，并给社会造成不良影响。

③ 动态性：如隐患不及时排除，火灾隐患将随时间的变化而变化，并逐渐恶化，最后由量变到质变，使隐患成为灾难。另外旧的隐患被排除，新的隐患还

会出现，消除隐患应常抓不懈。

④ 难以预料性：对于火灾何时、何地发生是难以预料的，要预防火灾就必须进行消防安全教育，人人重视防火，排除火灾隐患。

（3）常见火灾隐患

日常生活中引发火灾的主要源头是油火、燃气火、电火、烟火等。

① 用火不慎：用火安全制度不健全，在可燃气体场所动火不办动火证；燃用燃气时思想麻痹大意不看管；燃气停用时只关燃具旋塞阀而不关燃气表后管道阀；不良生活习惯等酿成火灾的行为。

② 电气：在有燃烧爆炸源场所未选用防爆型电气设备，违反电气安装规定；或者电线老化、短路、漏电、超负荷；乱拉电线、用电无人管、出门时不关闭电源等造成火灾的行为。

③ 吸烟：使用明火，如在禁烟场所吸烟，乱扔烟头，或卧床吸烟引发火灾的行为。

④ 玩火：指玩弄打火机、火柴，乱燃放烟花鞭炮等引发火灾。

⑤ 手机：将手机带入燃气生产区并使用。

⑥ 纵火：人为、蓄意放火而造成火灾的行为。

⑦ 自然灾害：在自然状况下的雷击、静电、高温、地震等。

⑧ 偷盗气：私自拆卸燃气表前接管、在燃气管道上钻孔偷盗气。

（4）火灾损失

火灾损失就是因火灾造成的人身和财产损失。火灾损失又分为直接损失和间接损失。

直接损失包括：人员的伤亡赔偿、烧损的财物、灭火的人员和投入的费用。

间接损失包括：后续环境治理、烧损的财物更新投入、人员费用支出等。

（5）生产经营单位应履行的消防职责

① 建立健全消防安全制度、消防安全操作规程。

② 实行防火安全责任制，确定本单位及所属各部门、岗位的消防安全责任人。

③ 针对本单位的特点对职工进行消防宣传教育和安全培训，要定期组织消防演练。

④ 认真落实防火责任制度，组织防火检查及时消除不安全因素。

⑤ 按国家有关规定配备好适用、足够的消防器材，要完好固定放置，并有专人负责。

⑥ 实行每日防火巡查，并建立巡查记录。

⑦ 制定灭火和应急疏散预案。

（6）消防安全

消防安全是指控制能引起火灾、爆炸的因素和消除能导致人员伤亡或引起设备、财产破坏和损失的条件，为人们在社会生活、生产活动中创造一个不发生或少发生火灾的安全环境。

（7）消防器材及分类

消防器材是指用于灭火、防火以及消除火灾事故的器材，是用于灭火的专用设备。

消防器材按功能分为灭火类和报警类。

① 灭火类：分为消防水类、灭火器类及破拆工具类。

消防水类主要是消火栓，消火栓有室内消火栓和室外消火栓。室内消火栓系统包括室内消火栓、水带、水枪。室外消火栓包括地上和地下两大类，室外消火栓在大型石化装置及设有燃气储罐的燃气储配站应用比较广泛。

灭火器按充装灭火剂的不同，分为干粉灭火器（充装的灭火剂有碳酸氢钠和磷酸铵盐两种）、泡沫灭火器、二氧化碳灭火器、卤代烷灭火器及水型灭火器。按驱动灭火器的压力形式分为储气式灭火器、储压式灭火器及化学反应式灭火器三类。

破拆工具类，包括消防斧、钩、铁锹和切割工具等。

② 报警类：主要是火灾探测器。火灾探测器有感温火灾探测器、感烟火灾探测器、复合式感温感烟探测器、紫外火焰火灾探测器、可燃气体火灾探测器、红外对射火灾探测器等。

报警按钮一般分为手动火灾报警按钮和消火栓按钮两种。

报警器有火灾声报警器、火灾光报警器及火灾声光报警器。

火灾报警控制器包括报警主机、CRT 显示器、直接控制盘、总线制操作盘、电源盘、消防电话总机及消防应急广播系统等。

多功能报警器，可以连接有线探头、有线门磁、有线煤气探测器等。

（8）灭火器及常用灭火方法

灭火器是一种常用的灭火工具，在遇到紧急情况的时候，用于灭火现场求救。

灭火器是指把灭火剂储存在特制容器内的小型灭火设备。灭火器使用机动性强，可以移动，操作简单，它能在其内部压力作用下，将所充装的灭火剂喷出，用来扑救初期小面积火灾。

灭火器种类繁多，但适用范围有所不同，只有正确选用灭火器的类型，才能有效地扑救不同种类的火灾，达到预期的目的。我国现用的灭火器有手提式灭火器、推车（手推）式灭火器、储气瓶灭火器、储压式灭火器等。

城镇燃气站场应按设计及规范要求设置足够的灭火器材，要加强维护保养，确保完整好用。

常用的灭火方法基本有冷却灭火法、隔离灭火法、窒息灭火法、抑制灭火法四种。

① 冷却灭火法：用灭火剂促使燃烧物质的温度降低到燃点以下，从而使燃烧停止，例如用水喷浇。

② 隔离灭火法：将燃烧的物体与附近的可燃物隔离或搬开。

③ 窒息灭火法：根据可燃物质燃烧需要足够空气这一条件，可采用惰性气体降低燃烧区域含氧量，或用石棉布、湿棉被等覆盖燃烧物。

④ 抑制灭火法：使灭火剂参与燃烧的连锁反应，使燃烧过程中生产的游离基消失，形成稳定分子或低活性的游离基，从而使燃烧反应停止。

（9）干粉灭火器及使用

干粉灭火器又称粉末灭火剂，在灭火器中使用最为广泛。

干粉灭火器内充装的是碳酸氢钠或磷酸铵盐。干粉灭火剂是用于灭火的干燥易于流动的微细粉末，由具有灭火效能的无机盐和少量的干粉灭火器添加剂经干燥、粉碎、混合而成微细固体粉末组成。干粉灭火是借助于专用灭火器或灭火设备中的气体压力，将干粉从容器中喷出与火焰接触时产生的物理化学作用灭火，即干粉灭火器是以粉雾的形式灭火。

干粉灭火器如用于泄漏的LPG液面或LNG集液池灭火时，干粉应喷洒在液体表面，不应让干粉撞击液体表面或与其混合。

干粉灭火器应设置在LPG、LNG厂站可能发生泄漏位置的附近，通常是设置在LPG和LNG装卸区域、泵、储罐顶部的安全阀等处。

干粉灭火器中灭火剂具有灭火效率大、灭火速度快、无毒、不腐蚀、不导电、久储不变质等优点，因此在消防中被广泛应用。干粉灭火器按干粉灭火剂的使用范围可分为：

① BC（普通）类，适用于扑救可燃液体、可燃气体及电气设备等所引起的初始火灾；

② ABC（多用）类，适用于扑救可燃固体、可燃液体、可燃气体及电气设备等所引起的初始火灾；

③ D类，适用于扑灭轻金属火灾。

（10）二氧化碳灭火器及使用

二氧化碳是一种广泛使用的灭火器，它是无色无味、不燃烧、不助燃、不导电、无腐蚀的气体。

二氧化碳灭火器主要是依靠窒息作用和部分冷却作用灭火。二氧化碳具有较高的密度，约是空气的1.5倍。在常压下液态的二氧化碳极易汽化，一般1kg液态二氧化碳可汽化成0.5m^3的气体。因此，在灭火时可以利用二氧化碳来排除包围在燃烧物体的表面或分布于较密闭的空间中的空气，达到降低可燃物周围或防护空间内的氧浓度，产生窒息作用而灭火的效果。另外，二氧化碳从灭火器中喷出时，液态二氧化碳从周围吸收热量迅速汽化成气体，也起到冷却作用。

二氧化碳灭火器主要用于扑救贵重设备、档案资料、仪器仪表、600V以下带电设备、仪器仪表、易燃气体和燃烧面积不大的油类初期火灾，以及一般B类火灾。

（11）卤代烷灭火器及使用

卤代烷灭火器的灭火剂，是以卤素原子取代一些低级烷烃类化合物分子中的部分或全部氢原子后，所生成的具有一定灭火能力的化合物的总称。卤代烷灭火剂分子中的卤素原子通常为氟、氯及溴原子。过去常用的卤代烷灭火剂是二氟一氯一溴甲烷灭火器（简称1211灭火器）和三氟一溴甲烷灭火器（简称1301灭火器）已被淘汰，可使用七氟丙烷灭火器。

卤代烷灭火器在城镇燃气中，主要用于可燃气体、液态液化石油气及液化天然气的火灾；也可用于变压器、电机、变配电等的电气火灾。

（12）灭火器维护和保养

① 灭火器应固定放置于干燥通风、阴凉、取用方便的地方。要防日晒、雨淋及高温烘烤，以免使液态二氧化碳变为气态，使压力剧增。

② 要保持灭火器清洁不锈蚀，喷嘴要畅通。手提灭火器要保持挪动方便。

③ 对灭火器要定期巡查，检查部件是否齐全完好、连接部件是否拧紧，并做记录。

④ 灭火器上的压力表应每年检验一次。

⑤ 桶体应每3年进行一次水压试验，试验压力为3.0MPa。

⑥ 桶内的干粉剂应每年要检查一次，无结块或粉末仍为白色易流动状态，可继续使用。如变潮、结块，应更换新粉。

⑦ 每半年检查一次二氧化碳灭火器的压力，不低于红标所指示的压力范围。

⑧ 二氧化碳灭火器应每半年称重一次，若重量减少10%，须补充二氧化碳。

⑨ 灭火器应由消防专业部门进行维修灌装，并负责水压和气密性试验，不合格不得使用。

⑩ 灭火器应在规定使用期内使用。水基型灭火器有效使用期为6年；干粉灭火器有效使用期为10年；二氧化碳灭火器有效使用期为12年。

⑪ 干粉灭火器可反复使用。

（13）不同着火类型灭火方式选择

① 液化石油气和液化天然气灭火　空气中氧含量为21%（体积分数）。在燃

烧三要素中，氧化剂是难以避免的，因为空气是无处不在的。但在发生火灾时，应尽量减少火灾场所的空气对流，减少新鲜空气量。当 LPG 或 LNG 发生火灾时，如储气罐中溢出的 LPG 或 LNG 积存在围堰中，应采用泡沫灭火器，使灭火剂泡沫覆盖在 LPG 或 LNG 的液体表面，以减小空气与 LPG 或 LNG 的接触面，同时也能降低 LPG 或 LNG 的蒸发速率，减少火灾所产生的热辐射及降低气化率。

便携式泡沫灭火器应配备软管，以接到需防护的最远位置。

液化石油气和液化天然气密度较小，如在着火时用水喷射，不但不能遮盖液化石油气、液化天然气，相反会使液位升高，溢出储罐或泄漏出的流淌范围扩大；另外还会使液体蒸发率增大，扩大火灾面积，从而使液化石油气和液化天然气火势增强。因此储存液化石油气和液化天然气的储罐泄漏着火时是不能用水灭火的。而在一些场站（厂站）设置的消防给水系统（应按相关标准设计）是用来冷却着火储罐及受到火灾热辐射的临近储罐或设备，又可将尚未着火而火焰有可能经过的地方浇湿，使其不容易着火，以减少火灾升级和降低储罐和设备的危险性。另外水还可用来保护人身安全。

储存液化石油气和液化天然气储罐泄漏着火可用化学干粉灭火器或卤化氢灭火器灭火，在使用时应直接喷在火焰的根部，绝不能直接喷到火焰上。

② 居民在用气时油锅着火　油锅着火千万不能往锅里直接倒水。往锅里倒水不但灭不了火，反而会因为水遇到热油形成“炸锅”，使油火到处飞溅，烫伤身体，造成火势扩散。遇到油锅着火时不要慌张，应关掉燃气阀，迅速用锅盖盖住油锅，使燃烧的油火接触不到空气，即可令火熄灭。

③ 燃气热水器着火　燃气热水器着火不能用水扑灭，可以用打湿的毛巾或布捂盖热水器。

④ 电气设备着火　高压电气设备着火，在没有良好的接地设施或没有切断电流的情况下，是不能用水扑灭的。一是水有导电性，易造成电气设备短路烧毁；二是容易发生高压电流沿水柱传到消防器械上，使消防人员触电造成伤亡。

低压电器着火，如家用电视机、电冰箱、电脑着火时，应迅速拔下电源，使用干粉灭火器或二氧化碳灭火器扑救。如果发现及时，可以在拔下电源后迅速用湿地毯或棉被等盖住着火电器。切勿向着着火电器泼水，否则会因为着火电器温度突然下降而发生爆炸。

（14）灭火器设置要求

灭火器的设置要求是：

① 燃气场站内具有火灾和爆炸危险的建构筑物、燃气储罐、工艺装置区等应设置不同类型灭火器，其配置数量除符合有关规定外，还应符合现行国家标准 GB 50140《建筑灭火器配置设计规范》的规定。

② 灭火器应设置在位置明显和便于取用的灭火器保护距离内，设置应避免碰撞、不得影响交通和人员安全疏散。

③ 灭火器设置的环境温度不得超过灭火器的使用温度范围。

④ 手提式灭火器宜设置在灭火箱内或挂钩、托架上。对于环境干燥、洁净的场所，可直接设置在地面上。

⑤ 灭火箱不应被遮挡、上锁或栓系。

⑥ 嵌箱式灭火器箱及挂钩、托架的安装高度应满足手提式灭火器顶部离地面距离不得大于 1.5m；底部离地面距离不应小于 0.08m。

⑦ 设置在室外的灭火器应采取防晒、防湿、防寒等保护措施。

⑧ 灭火器摆放应牢固，其铭牌应朝外。

⑨ 按规定应配置破拆工具，如消防斧、钩、铁锹和切割工具等，并固定放置。

⑩ 灭火器的检查与维修应按现行国家标准 GB 50444《建筑灭火器配置验收及检查规范》的有关规定。对维修、报废的灭火器应由灭火器生产企业或专业维修单位进行。

9.15 生产经营单位

（1）生产经营单位的主要负责人安全生产职责

《中华人民共和国安全生产法》（2021 年修订版）的第五条、第二十一条：

第五条　生产经营单位的主要负责人是本单位安全生产的第一责任人，对本单位的安全生产工作全面负责。其他负责人对职责范围内的安全生产工作负责。

第二十一条　生产经营单位的主要负责人对本单位安全生产工作负有下列职责：

（一）建立健全并落实本单位全员安全生产责任制，加强安全生产标准化建设；

（二）组织制定并实施本单位安全生产规章制度和操作规程；

（三）组织制定并实施本单位安全生产教育和培训计划；

（四）保证本单位安全生产投入的有效实施；

（五）组织建立并落实安全风险分级管控和隐患排查治理双重预防工作机制，督促、检查本单位的安全生产工作，及时消除生产安全事故隐患；

（六）组织制定并实施本单位的生产安全事故应急救援预案；

（七）及时、如实报告生产安全事故。

（2）生产经营单位的安全生产管理机构以及安全生产管理人员职责

《中华人民共和国安全生产法》第二十五条：

第二十五条　生产经营单位的安全生产管理机构以及安全生产管理人员履行下列职责：

（一）组织或者参与拟订本单位安全生产规章制度、操作规程和生产安全事故应急救援预案；

（二）组织或者参与本单位安全生产教育和培训，如实记录安全生产教育和培训情况；

（三）组织开展危险源辨识和评估，督促落实本单位重大危险源的安全管理措施；

（四）组织或者参与本单位应急救援演练；

（五）检查本单位的安全生产状况，及时排查生产安全事故隐患，提出改进安全生产管理的建议；

（六）制止和纠正违章指挥、强令冒险作业、违反操作规程的行为；

（七）督促落实本单位安全生产整改措施。

生产经营单位可以设置专职安全生产分管负责人，协助本单位主要负责人履行安全生产管理职责。

（3）安全生产的原则

① 安全管理“三个必须”原则　管行业必须管安全；管业务必须管安全；管生产经营必须管安全。管生产必须管安全的原则，是指工程项目各级领导和全体员工，在生产过程中必须坚持在抓生产的同时要抓好安全工作。实现安全与生产的统一，生产和安全是一个有机的整体，两者不能分割更不能对立。

②“谁主管、谁负责”原则　根据安全生产的重要性，企业的主管者必须是安全责任人，要全面履行安全生产责任制。

（4）安全生产的意义

做好劳动保护工作，保障企业安全生产除了具有重要的政治意义和社会效益外，对于企业来说，重要的是还具有现实的经济意义。生产经营主体追求自身利益的最大化，绝不能以牺牲从业人员甚至公众的生命安全为代价。事实上，如果不注重安全生产，一旦发生事故，不但给他人的生命财产造成损害，生产经营者自身也会遭受损失，甚至会受到难以弥补的重大损失，导致生产经营活动不能正常进行，甚至因此破产。另外，发生事故还会导致劳动者的心理和工效、企业形象、资源损耗等方面的间接损失。安全是劳动者稳定、生产发展的保障，生产是创造效益的根本。安全生产是涉及员工生命安全的大事，也关系到企业的生存发展和稳定，是企业的“最大效益”，这已成为当今各级主管部门和企业经营者共识。

当生产任务和安全工作发生矛盾时，应按“生产服从安全”的原则处理，把安全作为保障生产顺利进行的前提条件，确保安全才能进行生产。

（5）《城镇燃气管理条例》

《城镇燃气管理条例》（国务院令第583号）是为了加强燃气管理，保障燃气供应，促进燃气事业健康发展，维护燃气经营者和燃气用户的合法权益，保障公民生命、财产安全和公共安全，保证我国和谐稳定而制定的法规。国务院于2016年2月6日发布了修订的《城镇燃气管理条例》，并同日实施。燃气经营单位应严格遵守此法规的各项规定。

（6）城镇燃气经营及应具备条件

城镇燃气经营分城镇燃气生产经营（供应企业）单位和城镇燃气自管单位。

城镇燃气生产经营单位是指从事城镇燃气生产、储存、输配、经营、管理、运行、维护的企业。

城镇燃气自管单位是指自行给所属用户供应燃气，并对其管理的用户范围内燃气设施进行管理、运行维护工作的单位。

从事城镇燃气经营活动的，应当依法取得燃气经营许可，并在许可事项规定的范围内经营。城镇燃气是禁止个人从事管道燃气经营活动的。

（7）从事城镇燃气及加油加气经营活动应具备条件

从事燃气经营活动的企业，应当具备下列条件：

① 符合城镇燃气专项规划要求。

② 燃气经营区域、燃气种类、供气方式和规模、燃气设施布局和建设等应符合批准的燃气专项规划。

③ 有符合国家标准的燃气气源和燃气设施，并与气源生产供应企业签订供用气合同或供用气意向书。

④ 有固定的经营场所。经营和储存场所、设施、建筑物应符合现行国家标准GB 50028《城镇燃气设计规范》（2020版）、GB 51142《液化石油气供应工程设计规范》、GB 51102《压缩天然气供应站设计规范》、GB 50156《汽车加油加气加氢站技术标准》、GB 50016《建筑设计防火规范》（2018年版）、GB 50160《石油化工企业设计防火标准》（2018年版）、GB 50074《石油库设计规范》等相关国家标准、行业标准的有关规定。

⑤ 场站建成后应经消防、环保、质量技术监督、建设，安全生产监管部门竣工验收合格，并依法取得安全生产许可证（安全生产监督局颁发）、燃气经营许可证（县级以上地方人民政府燃气管理部门核发）、气瓶充装许可证（质量技术监督局颁发）、营业执照（工商行政管理局颁发）等证照。

⑥ 企业主要负责人和安全生产管理人员，应具备与本企业危险化学品经营活动相适应的安全生产知识和管理能力，经专门的安全生产培训和安全生产监督管理部门考核合格，取得相应安全资格证书；运行、维护和抢修人员经专门的安全作业培训并经燃气管理部门考核合格并取得作业操作证书；其他从业人员依照有关规定经安全生产教育和专业技术培训合格。

⑦ 有完善的安全管理制度和健全的经营方案。

⑧ 有符合国家规定的危险化学品安全事故应急预案，并配备必要的应急救援器材、设备。

⑨ 法律、法规和国家标准或者行业标准规定的其他安全生产条件。

(8) 企业安全生产责任人

① 企业主要负责人　指企业法人代表（董事长）、企业总经理（总裁），每个岗位 1 人。

② 安全生产管理人员　指企业负责安全运行的副总经理（副总裁），企业生产、安全管理部门的负责人，企业生产和销售分支机构的负责人以及企业专职安全员，每个岗位不少于 1 人。

③ 运行、维护和抢修人员　指负责燃气设施运行、维护和事故抢险抢修的操作人员，包括但不仅限于人工煤气厂站工、燃气输配场站工、液化石油气场站工、压缩天然气场站工、液化天然气场站工、钢瓶灌装工、钢瓶装卸储运工、汽车加油加气操作工、燃气维护检修工、燃气抢修工、燃气管道巡检员及抄表员等。

(9) 城镇燃气生产经营单位安全规定

城镇燃气生产经营单位对燃气系统运行安全除建立、健全安全生产管理制度及运行、维护、抢修操作规程外，还应有下列规定：

① 应配备经专业培训、考试合格的专职安全管理人员，抢修人员应 24 小时值班；应设置并向社会公布 24 小时报修电话。

② 燃气输配系统宜设置监控及数据采集系统。设置的监控及数据采集系统应采用电子计算机系统为基础的装备和技术。

③ 燃气设施或重要部位应设永久性警示标志，并应定期检查和维护；燃气运行、维护和检修过程中也应设置安全标志。标志的设置和制作应按现行行业标准 CJJ/T 153《城镇燃气标志标准》的有关规定。

④ 应建立燃气安全生产事故报告和统计分析制度，并制定事故等级标准。

⑤ 应制定燃气安全事故应急预案、专项事故应急预案、现场处置方案。

⑥ 对已停止运行、报废的燃气设备及管道应及时处置或采取有效的安全措施。

⑦ 当燃气设施运行、维护和抢修需要切断电源时，应在安全的地方进行操作。

⑧ 对人员进入生产的火灾危险性甲类厂房或场所前，应先做安全检查，检查是否有燃气泄漏。

⑨ 用于充装液化石油气的钢瓶、压缩天然气的气瓶、氢气储存、液化天然气储气瓶、液氢储存应保持正压。严禁给无合格证、超期使用或有缺陷的钢瓶、气瓶充装。

⑩ 进入燃气生产区的机动车应限速行驶，并应在排气口加装消火装置。

⑪ 燃气场站（厂站）应按国家有关标准设计消防设施和灭火器配置，并设专人负责。

⑫ 燃气场站（厂站）防雷、防静电装置应完好并处于正常运行状态，并做好定期检测。

⑬ 压力容器、安全装置及仪器仪表应按国家规定进行维护，并做好定期校验和更换。

⑭ 城镇燃气生产经营单位应按现行国家标准 GB/T 50811《燃气系统运行安全评价标准》的有关规定，对场站（厂站）燃气设施进行定期安全评价。

第10章 燃气安全生产管理

10.1 安全生产管理目的与任务

10.1.1 安全管理

清洁、高效的城镇燃气为人民生活、工业生产提供了优质能源，方便了人们生活，提高了工业生产水平，而且还大大降低了环境污染，改善了环境质量。但因燃气是易燃、易爆且有毒性的可燃气体，一旦发生燃气泄漏，极易发生火灾爆炸事故，造成人员伤亡及财产损失，给社会造成不良影响，所以城镇燃气的安全管理是保障安全生产的一种管理措施。

安全管理是管理科学的一个分支，也是企业生产管理的一个重要组成部分，它是以安全为目的，有安全工作的方针、决策、计划、组织、指挥、控制等职能，合理有效地使用人力、财力、物力、时间和信息为达到预定的安全防范而进行的各种活动的总和。

10.1.2 全面安全管理

全面安全管理是在传统安全管理和预期目标管理的基础上而发展起来的全过程安全管理、全员参加安全管理、全方位安全管理和全天候安全管理四部分。

① 全过程安全管理是指一项工程从计划、设计开始，就对安全问题进行控制，一直到该项目工程建设、竣工投产、运营和更新报废的全过程。

② 全员参加安全管理是指从领导、管理人员、技术人员、班组长到每位操

作员工都参加安全管理活动。

③ 全方位安全管理是指对每一管理区域的工艺、设备的安全问题都应全面分析、全面诊断、全面辨识、全面评价、全面采取措施、全面预防。

④ 全天候安全管理是指全年 365 天的任何季节、任何天气、任何时刻都要根据不同情况抓好安全管理。

10.1.3 安全管理目的和主要任务

① 安全管理目的：安全管理的目的是保护劳动者在生产过程中的安全和健康，保护国家财产和资源，稳定职工队伍，增强职工的凝聚力，维护职工的合法权益，从而保障生产顺利进行，不断提高效率促进生产发展。其最终目的和根本任务就是提高效率，促进生产发展。

② 安全管理主要任务：安全管理的主要任务是在国家安全生产方针的指导下，依照有关政策、法规及各项安全生产制度，运用现代安全管理原理、方法和手段，预防生产过程中发生人身、设备事故，形成良好劳动环境和工作秩序，以保证生产经营的顺利进行。

10.1.4 安全生产管理

所谓安全生产管理就是针对人们在安全生产过程中的安全问题，运用有效的资源，发挥人们的智慧，通过人们的努力，进行有关决策、计划、组织和控制等活动，实现生产过程中人与机器设备、物料、环境的和谐，达到安全生产的目标。

10.1.5 安全生产管理主要内容

① 建立和健全安全生产管理的组织机构，配备必要的安全生产管理、具备相应资格的专职安全管理人员，明确职权、责任，为安全生产提供组织保障。

② 生产经营单位的负责人必须重视安全生产工作，抓生产经营，也必须抓安全生产，并做好安全队伍的管理。

③ 建立健全安全生产责任制度、安全生产规章制度、安全生产策划，使安全生产的有关事项都有章可循，使生产过程在符合物质条件下和工作秩序下进行，防止发生人身伤亡事故和财产损失。

④ 生产经营单位必须具备基本的安全生产条件，包括必要的安全生产投入。

⑤ 制定安全技术措施，按照安全生产法的要求，完善安全生产条件。

⑥ 生产经营单位必须对员工进行相应的安全培训教育，掌握基本安全生产知识和技能。

⑦ 根据本单位经营活动的特点和危害程度建立生产监督检查制度，进行日常和定期的安全检查，消除或控制危害及有害因素，保障人身安全与健康、设备设施免受损害，环境免遭破坏。对检查中发现的安全隐患，应及时整改，要保证安全。

⑧ 加强生产现场的安全管理。

⑨ 编制生产安全事故应急预案；编制劳动防护制度；编制火灾防范及消防器材管理制度。

⑩ 按照安全生产法规，做好危化品、特种设备、安全管理、消防、劳保等专项工作。

⑪ 安全投入的资金管理。

⑫ 做好事故调查与处理；建立安全生产档案。

10.1.6 安全生产管理手段

安全生产管理手段是：法制手段、行政手段、监督手段、工艺技术管理、岗位责任制、设备设施及操作环境等。

10.1.7 安全与生产关系

生产是人类社会存在和发展的基础。如果生产中人、物、环境都处于危险状态，则生产无法顺利进行。因此，在生产活动中做到安全是必须的，当生产完全停止，则安全也就失去意义。就生产的目的来说，组织好安全生产就是对国家、人民、社会及企业的最大负责。生产有了安全保障，企业才会持续、稳定发展。如生产活动中屡屡发生事故，生产势必处于混乱，甚至瘫痪状态。当生产与安全发生矛盾、危及员工生命或国家财产时，生产就必须停下来整治，消除危险因素以后，生产形势会变得更好。所以提出“安全第一”就是为了更好地保证生产。

10.2 安全生产管理目标

10.2.1 安全生产管理“四要素”

安全生产管理的“四要素”是教育、责任、落实、安全。

① 教育：建立完善宣传教育体系，普及安全意识。

② 责任：建立完善安全责任考核体系，坚持重奖重罚。

③ 落实：构建有力、有效的责任落实机制，就是要对安全生产工作进行一系列重要部署决策、各项工作及相应的责任顺利实现传导，确保层层到位。

④ 安全：建立完善安全评估体系，提高本质安全。

10.2.2 安全生产管理目标及基本对象

① 安全生产管理目标：是减少和控制危害，减少和控制事故，尽量避免生产过程中由于事故造成的人身伤害、财产损失、环境污染以及其他损失。

② 安全生产管理基本对象：是企业的员工，涉及企业中的所有人员、设备设施、物料、环境、财务、信息等各个方面。

10.2.3 燃气安全技术及措施

（1）燃气安全技术

是为控制和消除燃气生产、储配及加油加气加氢站内各种潜在的不安全因素，针对生产经营作业环境、工艺流程、燃气设施以及作业人员等方面存在的问题，而采取的一系列技术措施，以促进生产率不断提高的综合技术。安全技术贯穿于生产的全过程，并作为生产技术的重要组成部分，随着生产技术的发展而发展。

（2）燃气安全技术措施

按照导致事故的原因分为防止事故发生的安全技术措施、减少事故损失的安全技术措施等。

① 防止事故发生的安全技术措施：是指为了防止事故发生，采取的约束、限制能量或危险物质，防止其意外释放的技术措施。常用的事故发生的安全技术措施有消除危险源、限制能量或危险物质、隔离、减少故障和失误等。

② 减少事故损失的安全技术措施：是防止意外释放的能量引起人的伤害或物的损坏，或减轻其对人的伤害或对物的破坏的技术措施。该类技术措施是在事故发生后，迅速控制局面，防止事故扩大，避免引起二次事故的发生，从而减少事故造成的损失。常用的减少事故损失的安全技术措施有隔离、设置薄弱环节、个体防护、避难与救援等。

10.2.4 安全生产规章制度

安全生产规章制度是指全员安全生产责任制度、危险化学品购销管理制度、危险化学品安全管理制度（包括防火、防爆、防中毒、防泄漏管理等内容）、危险化学品运输管理制度、安全投入保障制度、安全生产操作规程、消防安全管理制度、安全生产奖惩制度、安全生产技术教育和培训制度、隐患排查治理制度、安全风险管理制度、应急管理制度、事故管理及报告制度、职业卫生管理制度及安全监察制度等。

10.2.5 城镇燃气设施运行和维护规定

《城镇燃气管理条例》（国务院令第583号）第十九条：管道燃气经营者对其供应范围内的市政燃气设施、建筑区划内业主专有部分以外的燃气设施，承担运行、维护、抢修和更新改造的责任。管道燃气经营者应当按照供气、用气合同的约定，对单位燃气用户的燃气设施承担相应的管理责任。

管道燃气经营者应对城镇燃气设施的运行与维护制定下列管理制度和操作规定。

① 安全生产管理制度。

② 城镇燃气管道及其附属系统、厂站的工艺管道与设备的运行、维护制度和操作规定。

③ 用户设施的检查、维护、报修制度和操作规定。

④ 用户用气设备的报修制度。

⑤ 日常运行中发现问题或事故处理的报告程序。

10.2.6 安全生产责任制及责任制目的

《中华人民共和国安全生产法》第二十二条：生产经营单位的全员安全生产责任制应当明确各岗位的责任人员、责任范围和考核标准等内容。生产经营单位应当建立相应的机制，加强对全员安全生产责任制落实情况的监督考核，保证全员安全生产责任制的落实。

是生产经营单位的法定代表及主要经营管理者对生产经营单位的安全生产工作负全面责任，分管安全生产的生产经营单位负责人负直接领导责任，其他分管业务工作的应对分管范围内的工作负领导责任。车间、场站、班组的负责人对车间、场站、班组的安全生产负全面责任。各职能部门在各自的业务范围内，对各自安全生产负责。各岗位的生产工人要自觉遵守安全制度，严格遵守操作规程，以充分调动各级人员和各部门在安全生产方面的积极性和主观能动性，做好本岗位安全工作，确保安全生产。

10.3 安全生产教育

10.3.1 安全生产教育主要内容

安全生产教育工作是贯彻“安全第一、预防为主、综合治理”安全生产方针实现安全生产和文明生产，提高员工安全意识和安全素质，防止生产违规行为，减少人为失误的重要途径。进行安全生产教育的主要内容是首先对生产经营单位各级领导、管理人员以及操作人员进行安全思想教育和安全技术知识教育，提高安全生产责任感和自觉性。要认真学习有关安全生产的法律、法规和安全生产基本知识及劳动保护的方针政策；其次是普及和提高员工的安全技术知识、生产工艺流程、设备性能及燃气危害特性，增强安全操作技能，强化安全意识，从而保护自己和他人的安全与健康，在提升企业安全生产水平和保障企业安全生产等方面必将发挥重要作用。

安全技术知识的教育应做到应知应会，不仅要懂得方法原理，还要学会熟练操作和正确使用各类防护用品、消防器材及其他防护设施。

10.3.2 安全生产教育和培训要求

为加强和规范生产经营单位安全生产，生产经营单位应当对企业员工进行安全生产教育和培训。安全生产教育和培训的要求如下：

① 保证企业员工具备必要的安全生产知识，提高员工安全素质，防范伤亡事故，减轻职业危害。

② 熟悉并能认真贯彻执行安全生产方针、政策、法律、法规及国家标准，行业标准和本企业的各项安全制度，使员工清楚自己在安全工作方面的责任，增强遵章守纪的自觉性，树立我要安全的观念。

③ 基本掌握本行业、本工作领域有关安全分析、安全决策、事故预测和防范等方面知识。

④ 熟悉有关的安全生产规章制度和安全操作规程。

⑤ 掌握本岗位生产相关的安全技术知识和安全操作技能以及安全生产管理知识，使员工做到我能安全生产，并能做好安全生产。

⑥ 注意掌握事故发生的规律性，真正做到预防为主，把事故消灭在萌芽状态。

⑦ 了解事故应急处理措施，增加事故预防和及时发现并消除事故隐患。

⑧ 掌握发生事故后如何抢修，如何报告，如何保护现场。

⑨ 知悉自身在安全生产方面的权利和义务，应具有组织安全生产检查、事

故隐患整改、事故应急处理等方面的组织管理能力。

⑩ 了解其他与本行业、本工作领域有关的、必要的安全生产知识与能力。

⑪ 未经安全生产教育和培训合格的人员，不得上岗作业。

⑫ 通过典型事故案例教育，使员工深切体会到任何事故都会造成人、财、物的大量损失。

10.3.3 安全生产教育和培训主要对象

① 生产经营单位主要负责人的教育、培训。

② 安全生产管理人员的教育、培训。

③ 特种作业人员的教育、培训。

④ 新从业人员的教育、培训。

⑤ 调整工作岗位或离岗一年以上重新上岗的从业人员的教育、培训。

对于安全生产教育和培训的基本要求、培训的主要内容、培训时间、再培训的主要内容，应按不同培训对象制定。

10.3.4 安全生产教育主要方法

① 开展经常性的安全教育，如班前班后安全会、定期安全会议、安全活动日、安全月，对生产、安全及专业安全技术知识和安全管理定期或不定期对员工进行正面教育或安全技术专题讲座。

② 班前安全教育，每天上班前由班长或安全员对员工进行班前安全会，对当天的安全工作进行安排并落实到人头，做到认真检查，消除隐患，避免事故的发生。

③ 给员工购买或印发安全教育材料，自学或定期组织学习。

④ 对发生的安全事故或安全事故隐患采用录像或幻灯片给员工放映，教育面大，既经济，又直观，教育效果好。也可以群策群力，创造出更多适合于员工生动活泼的安全教育方式。

⑤ 根据企业需要，可开展全体员工安全生产知识竞赛。

⑥ 通过电台电视台或给燃气用户发放燃气使用安全常识进行安全教育。

10.4 生产经营单位从业人员职责

10.4.1 生产经营单位从业人员的安全生产权利义务

① 生产经营单位与从业人员订立的劳动合同，应当载明有关保障从业人员

劳动安全，防止职业危害的事项，以及依法为从业人员办理工伤保险的事项。

② 从业人员有权了解其作业场所和工作岗位存在的危险因素、防范措施及事故应急措施，有权对本单位的安全生产工作提出建议。

③ 从业人员发现直接危及人身安全的紧急情况时，有权停止作业或者在采取可能的应急措施后撤离作业场所。

④ 从业人员有权对本单位安全生产工作中存在的问题提出批评、检举、控告；有权拒绝违章指挥和强令冒险作业。

⑤ 从业人员在作业过程中，应当严格遵守本单位的安全生产规章制度和操作规程，服从管理，并正确佩戴和使用劳动防护用品。

⑥ 从业人员应当接受安全教育和培训，掌握本职工作所需的安全生产知识，提高安全生产技能，增强事故预防和应急处理能力。

⑦ 从业人员发现事故隐患或其他不安全因素，应当立即向现场安全生产管理人员或者本单位负责人报告；接到报告的人员应当及时予以处理。

⑧ 工会对生产经营单位违反安全生产法律、法规、侵犯从业人员合法权益行为，有权要求纠正。

10.4.2 安全操作规程

安全操作规程是为了保证安全生产而制定的，是操作者在生产过程中必须遵照执行的一个规则。它是企业根据燃气特性、工艺流程、燃气设施及技术要求，结合企业实际给各工种操作者制定出的安全操作手册，它是企业实行安全生产的一个基本文件，是对操作者进行安全教育的主要内容，也是处理伤亡事故的一种依据。编制的安全操作规程文字应简明，不仅要指出具体的操作要求和操作方法，而且要指出应注意或禁止的事项。安全操作规程一般有四部分内容：

① 总则；

② 工作前（即班前准备）的安全操作规则；

③ 工作时的安全操作规则；

④ 工作结束（包括交接工作）时安全操作规则。

10.4.3 安全生产中的“三违”

“三违”是指在生产过程中，存在违章指挥、违章操作、违反劳动纪律的行为。

要杜绝违章，首先要知道什么是违章，违章就是违反安全管理制度、规范、章程及安全技术措施，其内容包括指挥违章、作业违章、失职违章。指挥违章是指各级承担管理的职能人员，在生产活动过程中出现的违章指挥行为；作业违章是指从事各类生产活动的人员在过程中出现的违章行为；失职违章是指承担安全管理、监督职责的人员，在生产活动过程中，不履行安全管理责任制而出现失职、渎职行为。

违章不一定出现事故，出事故肯定是违章。根据燃气事故发生原因分析证明，90％以上是由于违章或操作不当。违章是发生事故的起因，事故是违章导致的后果。

10.4.4 消防安全“五懂”“五会”“五能”

（1）五懂

一懂本岗位生产工艺及燃气特性。

二懂本岗位火灾危险性：防止触电；防止引起火灾；可燃易燃物质与火源；燃烧与爆炸。

三懂预防火灾措施：加强对可燃物质的管理；管理和控制好各种火源；加强电气设备及其线路的管理。

四懂灭火方法：冷却灭火方法；隔离灭火方法；抑制灭火方法。

五懂逃生方法：紧急疏散时要保证通道不堵塞，确保逃生路线畅通；紧急疏散时要听从指挥，保证有秩序地尽快撤离；要学会自我保护，尽量保持低姿势匍匐前进，用湿毛巾捂住口鼻。

（2）五会

一会报警：大声呼喊、使用电话或手动报警器；拨打 119 火警电话。

二会使用消防器材：手提式灭火器的操作方法简称为一拔掉保险销、二握住喷管喷头、三压下握把、四对准火焰根部。

三会扑救初期火灾：扑救初期火灾时，必须遵循先控制后灭火，救人第一，先重点后一般的原则。

四会组织人员疏散逃生：按疏散预案组织人员疏散；防止混乱；分组实施引导。

五会保护事故现场。

（3）五能

一能检查和消除火灾隐患，做到消防安全自查、火灾隐患自除。

二能有效地扑救初期火灾，做到火情发现早，小火灭得了。

三能有效地组织人员疏散逃生，做到火场能逃生自救、引导人员疏散。

四能参与消防知识宣传和教育培训。

五能做到消防设施标识化、消防常识普及化。

10.4.5 事故处理不放过原则

在事故处理时要查找、分析事故原因，吸取教训，惩前毖后，防止类似事故再次发生，起到对所有员工的教育作用，其事故处理原则是：

① 对事故发生的原因分析不清不放过；

② 事故责任者和群众没受到教育不放过；

③ 没有落实整改措施不放过。

10.4.6 发生火灾爆炸事故如何报警

要大声呼喊报警、使用电话或手动报警器。

使用手机或座机拨打 119 火警电话，向当地公安消防机构报警；报警越早损失越小。

报警时必须讲清以下内容：

火灾发生的单位或个人详细地址（单位名称、马路或街道、门牌号、平房或楼层等）；起火燃烧物是什么；火势情况（如只冒黑烟，有火光，火势凶猛，已燃烧几间房或几层楼等）；留下报警人姓名和电话号码。

10.4.7 消防安全管理制度

消防安全管理制度有消防安全例会制度；消防安全教育、培训制度；防火检查、巡查制度；安全疏散设施管理制度；消防控制中心（值班）管理制度；消防设施、器材维护管理制度；火灾隐患整改制度；用火、用电安全管理制度；易燃易爆危险物品和场所防火防爆制度；消防档案管理制度；专职和义务消防队的组织管理制度；灭火和应急疏散预案演练制度；燃气和电气设备的检查和管理制度（包括防雷、防静电）；消防安全工作考评和奖励制度；其他必要的消防安全内容等。

10.4.8 专职安全管理员责任

专职安全管理员身处现场，参加运营，对企业安全生产起着重要作用，在安全委员会或安全领导小组领导下，专职安全管理人员的主要责任是：

① 积极贯彻宣传《中华人民共和国安全生产法》《中华人民共和国消防法》

《城镇燃气管理条例》及企业制定的各项安全规章制度，并监督检查执行情况。

② 参与公司年度安全工作计划的制定，并负责贯彻执行。

③ 参与燃气生产安全事故应急预案编制，贯彻执行，并监督检查。

④ 协助领导组织安全活动和检查，制定和修改安全生产管理制度，审查安全操作规程，并对执行情况进行监督检查。对安全管理工作松懈或薄弱的部门，有权越级汇报，督促解决；对违章作业的有权制止，甚至停止作业。

⑤ 参与或组织对广大员工进行安全教育、培训、考核、取证等工作。

⑥ 监督检查消防资金落实，器材是否齐全，设置是否规范。

⑦ 外来人员若要进入易燃易爆场所，应经有关部门审批，并有专人陪同，专职安全管理员有权监督其符合现场的安全管理规定，发现问题，可责令其整改。

⑧ 发生安全生产事故专职安全管理员应在第一现场，参加事故处理和事故后的调查。

⑨ 负责消防器材的管理。

⑩ 负责日常的安全管理。

10.4.9 生产经营单位给从业人员发放劳动防护用品和缴纳保险费

《中华人民共和国安全生产法》第四十七条：生产经营单位应当安排用于配备劳动防护用品、进行安全生产培训的经费。《中华人民共和国职业病防治法》第二十三条：用人单位应当优先采用有利于防治职业病和保护劳动者健康的新技术、新工艺、新设备、新材料，逐步替代职业病危害严重的技术、工艺、设备、材料。

生产经营单位应给从业人员发放劳动防护用品，使从业人员在劳动过程中免遭或者减轻事故伤害及职业危害的个人防护装备。使用劳动防护用品，是保障从业人员人身安全与健康的重要措施，也是保障生产经营单位安全生产的基础。所以，生产经营单位必须按照国家有关规定，按时给从业人员发放劳动防护用品，并监督、教育按照使用规则佩戴。

《中华人民共和国安全生产法》第五十一条规定：生产经营单位必须依法参加工伤保险，为从业人员缴纳保险费。

10.5 安全生产检查及事故处理

10.5.1 安全生产检查目的

安全生产检查是企业贯彻落实“安全第一，预防为主”方针，是消除隐患、防止事故发生、改善劳动条件的重要手段。安全生产检查的目的是找出生产过程及安全管理中可能存在的隐患、有害与危险因素并确定危害产生的根本原因，对危害源实施监控，以便有计划地采取有效措施，堵塞漏洞，把事故消灭在发生之前，确保本企业安全、健康、稳定发展。

通过检查可以互相学习，取长补短，交流经验，共同提高；另外，通过检查对经常忽视安全生产的思想敲起警钟，及时纠正违章指挥，违章操作的冒险行为。以达到全面、及时、准确发现和改变安全生产异常，超前有效地预防、控制事故的目的。

10.5.2 安全生产检查类型及检查内容

安全生产检查类型有计划性定期安全生产检查；季节性及节假日前后安全生产检查；经常性（日常）安全生产检查；专业（项）性安全生产检查；综合性安全生产检查；不定期的职工代表巡视安全生产检查。

安全生产检查的主要内容有以下几个方面。

① 查组织：企业安全委员会是否落实并经常进行活动；安全领导小组、班组安全员是否建立，是否发挥作用。

② 查思想查意识：安全意识与教育培训。

③ 查管理查制度：各项管理制度、安全操作规程，尤其是对员工的安全教育执行情况。

④ 查措施：查年度编制的安全技术措施计划和落实情况，劳动条件和安全措施是否得到改善，是否预防了一些事故尤其是重大事故。

⑤ 查隐患：对于危险性大、易发事故、事故危害大的生产系统、重点岗位、装置、设备、作业环境、易燃易爆危险物品、人员，尤其是强检项目，进行隐患排查。

⑥ 查整改：查隐患整改及效果。

⑦ 查事故处理：事故原因调查、事故报告、事故处理结果、纠正与预防措施制定及实施跟踪。

10.5.3 工伤事故处理

一旦发生工伤事故，事故的处理应按下列程序：

① 发生事故后，应立即向单位主管领导和安全管理部门报告。

② 按燃气安全事故应急预案立即组织抢救受伤人员；属于燃气泄漏所造成的事故，应首先切断气源，消除火源。同时对事故现场进行摄影、录像，并绘制

平面图。

③ 为防止次生灾害发生，要设置警戒，疏散人员，维护好出事区域内交通和正常秩序。

④ 针对事故编制抢修方案，组织抢修人员抢修，及时排除事故，抓紧恢复生产。

⑤ 成立事故调查组，对事故现场进行勘察，收集相关物品、材料及事故调查的旁证材料。

⑥ 事故发生应先查领导的安全责任；查思想上对生产安全的重视程度；查制度；查纪律。

⑦ 根据现场勘察、调查及有关资料进行事故分析，找出事故原因和事故责任人。

⑧ 明确事故责任并对有关领导及事故责任人提出处理意见、上报。同时按事故处理不放过原则，开好事故分析会，吸取教训，使类似事故不再发生。

⑨ 事故结案后，应向社会公布，消除社会影响。

10. 5. 4 生产责任事故处理

《中华人民共和国安全生产法》第八十七条：生产经营单位发生生产安全事故，经调查确定为责任事故的，除了应当查明事故单位的责任并依法予以追究外，还应当查明对安全生产的有关事项负有审查批准和监督职责的行政部门的责任，对有失职、渎职行为的，依照本法第九十条的规定追究法律责任。

10. 6 燃气生产安全事故应急预案

10. 6. 1 预案及燃气生产安全事故应急预案

① 预案：是根据预测危险源、危险目标可能发生事故的类别、危害程度，而制定的事故应急救援方案。要充分考虑现有物质、人员及危险源的具体条件，能及时、有效地统筹指导事故应急救援行动。

② 燃气生产安全事故应急预案：应称燃气生产经营单位生产安全事故应急预案（简称事故应急预案）。

人为、技术或自然等原因可能发生的安全生产事故或灾害，为保证在发生事故或灾害时，能迅速、有序、有效地进行应急与救援行动，生产经营单位就必须建立生产安全事故应急体系，组织及时有效的应急救援行动，减少人员伤亡、财产损失、环境破坏。应急预案是加强安全生产工作的一项重要措施，是在事故发生之前而编制的有关计划或方案，当事故发生时，按照事故应急预案能大大降低危害后果，这已成为事故应急的关键，是事故应急救援的最好手段。

10.6.2 燃气生产安全事故应急预案分类及编制

按照燃气生产安全事故应急预案的功能和目标，生产经营单位生产安全事故应急预案针对情况的不同，分为综合应急预案、专项应急预案、现场处置方案。预案编制一般要求如下。

（1）综合应急预案

综合应急预案相当于总体预案，是从总体上阐述预案的应急方针、政策、应急组织及其职责、预案体系及响应程序、事故预防及应急保障、应急培训及预案演练等主要内容。编制的综合应急预案，可以很清晰地了解应急的组织机构、运行机制及预案的文件体系，并对那些没有预料的紧急情况也能起到一般的应急指导作用。

综合应急预案，是指生产经营单位为应对各种生产安全事故而制定的综合性工作方案，是本单位应对生产安全事故的总体工作程序、措施和事故应急预案体系的总纲。

综合应急预案内容包括：总则、应急组织及职责、应急响应、后期处置、应急保障等。

（2）专项应急预案

专项应急预案对于某一种或多种的风险，生产经营单位应根据存在的重大危险源和可能发生的事故类型，制定相应的专项应急预案。专项应急预案应当包括危险性分析、可能发生事故特征、应急组织机构与职责、预防措施、应急处置程序和应急保障等内容。专项应急预案是综合应急预案的组成部分，并作为综合应急预案的附件。

专项应急预案是指生产经营单位为应对某一种或多种类型安全生产事故或者针对重大活动防止安全生产事故而制定的专项性工作方案。

专项应急预案内容包括：适用范围、应急组织机构及职责、响应启动、处置措施、应急保障等。专项应急预案编制时，可根据燃气场站具体情况对预案内容进行调整。

（3）现场处置方案

现场处置方案是在专项应急预案的基础上，针对具体装置、场所、重点工作岗位不同生产安全事故的类型、可能发生事故的特征、应急处置的程序及应急处置要点和注意事项等内容而制定的现场应急处置措施。现场处置方案的特点是针对某一具体装置、场所、重点工作岗位的危险性及周边环境情况，在详细分析的基础上，对应急救援中的各个方面做出具体、周密而细致的安排，因而现场处置方案更具有针对性和对现场具体救援活动的指导性。

现场处置方案内容包括：事故风险描述、应急工作职责、应急处置、注意事项等。

生产经营单位编制的综合应急预案、专项应急预案和现场处置方案之间应当相互衔接，并与所涉及的其他单位的生产安全事故应急预案也应相互衔接。

10.6.3 生产安全事故应急预案演练

根据《生产安全事故应急预案管理办法》第三十三条　生产经营单位应当制定本单位的应急预案演练计划，根据本单位的事故风险特点，每年至少组织一次综合应急预案演练或者专项应急预案演练，每半年至少组织一次现场处置方案演练。

事故应急预案的演练是检验、评价和保持应急能力的一个重要手段，其重要作用是突出在事故真正发生前暴露预案和程序的缺陷，发现应急资源的不足（包括人力和设备等），改善各应急部门、机构、人员之间的协调，增强公众应对突发重大事故救援的信心和应急意识，提高应急人员的熟练程度和技术水平，进一步明确各自的岗位与职责，提高各级预案的协调性，提高整体应急反应能力。

在事故应急预案演练结束后，根据《生产安全事故应急预案管理办法》第三十四条的规定，应急预案演练组织单位应当对应急预案演练效果进行评估，撰写应急预案演练评估报告，分析存在的问题，并对应急预案提出修订意见。

10.7 工程竣工验收

10.7.1 工程竣工验收及组织

① 工程竣工验收：是项目建设的最后一道程序，是保障工程质量、全面考核项目建设成果的重要环节，是项目由建设转入正式生产，办理固定资产转资手续的标志。

② 工程竣工验收组织：工程竣工验收是施工单位在工程完工自检合格的基础上，先由监理单位组织设计、施工及建设单位等进行预验收。预验收合格后，施工单位应向建设单位提交竣工报告并申请进行竣工验收。建设单位应当依法组

织有关部门成立验收组，先分项验收后再整体竣工验收。

对公用管道工程的设计审查和竣工验收应有当地劳动行政部门派出安全监察员参加。

10.7.2 工程竣工验收内容

工程竣工验收是全面考核项目建设质量，总结项目建设经验，提高项目管理水平的重要环节，对促进建设项目及时投产，发挥投资效益具有非常重要的作用。所以竣工验收应根据《建设工程质量管理条例》有关规定，在工程预验收合格后进行，工程竣工验收应包括下列内容。

① 工程的各参建单位向验收组汇报工程实施情况。

② 对工程竣工验收的上报文件按规定的内容进行核查。上报的主要文件是：

a. 设计文件；

b. 设备、管道组成件、主要材料的合格证、检定证书或质量证明书；

c. 施工安装技术文件记录，包括焊工资格备案、阀门试验记录、射线探伤检验报告、超声波试验报告、隐蔽工程记录、试样检测报告、燃气管道安装工程检查记录、防雷防静电检测记录、设备安装记录及调试报告、防腐记录、设备和管道强度试验及严密性试验记录、动力设备试运及自控安全系统试验记录等；

d. 设计变更通知单；

e. 施工中出现的质量事故处理记录；

f. 工程竣工图及相关资料；

g. 工程质量验收记录；分项工程质量验收记录、子项工程质量验收记录、单项竣工验收记录；

h. 其他相关记录。

③ 验收组应对工程实体质量（功能性试验）进行抽查。

④ 签署工程质量验收文件。

⑤ 工程整体验收后写出工程竣工验收报告，对工程要有总的评价，并对存在问题提出整改意见或建议，最后验收组成员在竣工报告上签名。

⑥ 自竣工验收合格后之日起 15 日内，应将竣工验收资料报燃气管理部门备案。

⑦ 地方如有工程竣工验收标准或规定应参照执行。

第11章 燃气事故案例

11.1 2021年度全国燃气爆炸事故

11.1.1 2021年度全国燃气爆炸事故统计数据

据报道，2021年度全国共发生燃气爆炸事故401起，致76人死亡、507人受伤。在401起事故中，发生在室内的燃气事故205起、室外的燃气事故196起，每月平均发生燃气事故数量约33起。2021年度1～12月份全国发生燃气爆炸事故统计见表11.1，2021年度1～4季度全国发生燃气爆炸事故统计见表11.2。

表11.1 2021年度1～12月份全国发生燃气爆炸事故统计

月份	发生事故数	室内发生事故数	室外发生事故数	死亡人数	受伤人数
1月	43	24	19	10	33
2月	22	14	8	2	18
3月	41	19	22	0	18
4月	35	18	17	4	21
5月	38	20	18	3	26
6月	29	13	16	28	154
7月	45	24	21	2	43
8月	45	23	22	1	43
9月	27	11	16	15	34
10月	28	12	16	7	66

续表

月份	发生事故数	室内发生事故数	室外发生事故数	死亡人数	受伤人数
11月	32	14	18	2	30
12月	16	13	3	2	21
总计	401	205	196	76	507

根据表 11.1 中数据分析：7 月、8 月两月为燃气爆炸事故高发期，每月发生燃气爆炸事故 45 起；6 月份发生的事故伤亡人数最高，死亡人数达 28 人，受伤人数 154 人。6 月份伤亡人数主要来自 6 月 23 日湖北省十堰市发生的燃气爆炸事故，该事故致 25 人死亡，138 人受伤。

表 11.2　2021 年度 1～4 季度全国发生燃气爆炸事故统计

季度	发生事故数	室内发生事故数	室外发生事故数	死亡人数	受伤人数
第一季度	106	57	49	12	69
第二季度	102	51	51	35	201
第三季度	117	58	59	18	120
第四季度	76	39	37	11	117
总计	401	205	196	76	507

根据表 11.2 中数据分析，2021 年度的第三季度发生燃气爆炸事故致人员死亡人数和受伤人数最多，为燃气爆炸事故高发期。

11.1.2　燃气爆炸事故分析

2021 年度全国燃气爆炸事故中，室内燃气爆炸事故占总数 51.12％；致 74 人死亡，占总数 97.37％；受伤 482 人，占总数 95.07％。

(1) 室内燃气爆炸事故

① 据新闻报道，2021 年室内发生的燃气爆炸事故中，瓶装液化石油气爆炸 141 起，占比 68.78％；天然气爆炸 64 起，占比 31.32％。液化石油气已成为我国主要燃气爆炸源。

② 据新闻报道，2021 年室内发生的燃气爆炸事故中，居民用气为 139 起，占比 67.80％；商业用气为 45 起，占比为 21.95％。居民用气发生燃气爆炸事故率大于商业用气。

③ 室内发生燃气爆炸事故主要原因是燃气泄漏和使用不当。燃气泄漏方式如软管老化或鼠咬、软管连接不牢固、忘关燃气阀、使用直排式燃气热水器、私改燃气灶、被汤水浇灭漏气、灶台漏气、钢瓶减压阀漏气、被风吹灭漏气等。发

生燃气泄漏后仍多次打火、点火查漏、接打电话、开关电气、抽烟、静电、火灾等是爆炸发生的直接原因。另有盗气和开阀自杀等原因。

据新闻报道，早5～6点和晚17～18点是室内发生燃气爆炸事故高发时段。

（2）室外燃气爆炸事故

① 据新闻报道，2021年室外发生的燃气爆炸事故计致2人死亡，25人受伤。

② 在室外事故中有162起的原因为燃气管道泄漏，其中143起为施工造成管道破损，其他为管道腐蚀、占压、铸铁管断裂等。

11.1.3 安全设施

从室内、室外燃气事故发生分析，反映出人们安全意识不足，法律知识淡薄，应加强燃气安全及相关法律知识宣传。此外燃气用户应安装必要的安全设施，如采用不锈钢波纹管替代橡胶软管、安装燃气浓度检测报警器、燃气自闭阀、过流阀、带熄火保护的灶具、强排燃气热水器等安全产品，可更加有效保障用户安全用气。

11.2 燃气安全事故案例分析

11.2.1 十堰市张湾区艳湖社区集贸市场“6·13”重大燃气爆炸事故

2021年6月13日6时42分许，位于湖北省十堰市张湾区艳湖社区的集贸市场发生重大燃气爆炸事故，造成26人死亡，136人受伤，其中重伤37人，直接经济损失约5395.41万元。

6月14日，国务院安全生产委员会对该起重大事故查处实行挂牌督办，要求事故结案前，将事故调查报告报国务院安委会办公室审核同意后，由湖北省人民政府负责批复结案并向社会公布。

9月30日，湖北省应急管理厅官方网站发布了《湖北省十堰市张湾区艳湖社区的集贸市场“6·13”重大燃气爆炸事故调查报告》，事故调查组认定，这起重大燃气爆炸事故是一起重大生产安全责任事故。

（1）事故直接原因

天然气中压钢管严重锈蚀破裂，泄漏的天然气在建筑物下方河道内密闭空间聚集，遇餐饮商户排油烟管道排出的火星发生爆炸。

（2）调查报告显示

涉事故建筑物由东风汽车房地产有限公司向润联物业划转时，未提示或告知下方有燃气管道穿过，其中现在负责运营维护事故管道的十堰东风中燃公司，从未对事故管道进行巡查，事发后巡线员为逃避责任追究，伪造补登了巡线记录。

事发前 1h 十堰市 110 指挥中心接到管道泄漏报警电话，并派出民警到现场处置，燃气公司也派出抢修人员到现场处置。抢修 8min 后，抢修人员告知公安、消防人员处置结束、可以撤离，民警与消防在现场继续观察警戒和做好安全监护、劝离群众，4min 后发生爆炸。

涉事故管道为向芙蓉小区供气的中压支管，为 2005 年 9 月 28 日竣工验收，管道采用 D57×4 无缝钢管，设计压力为 0.4MPa，工作压力为 0.25MPa，属于特种设备。涉事故管道起点接自涉事故建筑物东北侧河道外 1.5m 处埋地敷设的市场路 D159×6 主管道，横跨河道，穿越涉事故建筑物下方密闭空间，从涉事故建筑南侧进入芙蓉小区。管道泄漏点位于涉事故建筑物下方河道墙体南侧排水口附近。此涉事故管道于 2008 年 9 月 28 日为规避化粪池带来的安全风险，而未经设计也未申报审批违规改造，使 6m 管道进入涉事故建筑物下方所形成密闭空间。

事发前，涉事故建筑物一层分布有商铺 19 间（其中 17 间补办有房产证，东西两端的 2 间违规加建商铺无房产证），由作为涉事建筑物产权实际所有人和物业管理人的润联物业分别同 21 家商户签订了房产租赁合同（其中无房产证的 2 间商铺出租给了 4 家商户），分别经营面食、卤菜、烧烤、药房、诊所、美发等。有 4 家商户存在留人夜宿守店现象，另外涉事建筑物二层为老年人活动中心、培训机构等，事故发生时无人。

（3）爆炸破坏情况

根据模拟分析与计算结果，涉事故建筑物底部河道内参与爆炸的天然气体积约 600m^3，爆炸当量 225kg TNT。爆炸现场以涉事故建筑物为中心向四周辐射。涉事故建筑物严重损坏，一层地面楼板除东南角四榜局部残存外，其余垮塌掉落下方河道；一层建筑隔墙四分之三倒塌，破坏程度西侧重于东侧；二层地面楼板除东侧六榜残存外，其余楼板垮塌掉落下方河道，二层建筑隔墙三分之二倒塌；建筑西端有两榜屋顶被炸穿；建筑四周墙体、门窗绝大部分向外倒塌或抛出。集贸市场建筑周边建筑门窗破坏严重，波及周边商铺和 33 栋 1678 户居民住宅。经环保部门认定，事故未造成周边环境污染。

（4）事故原因分析与处理

通过查阅资料、现场勘验、物证鉴定、视频分析、证人询问、实地调查、模拟实验、理论计算与分析，并经专家评估论证，排除了人为破坏、雷电、地震、地质灾害等因素，认定：涉事故建筑物东南角下方河道内一根 D57×4 中压天然气管道，紧邻芙蓉小区排水口，受河道内长期潮湿环境影响，且管道弯头外防腐未按防腐蚀规范施工，导致潮湿气体在事故管道外表面形成电化学腐蚀，腐蚀产物物料膨胀致使整个防腐层损坏，造成管道腐蚀，加上管道企业未及时巡检维护、未整改事故隐患，导致管道壁厚逐步减薄造成部分穿孔。泄漏的天然气在河道内密闭空间蓄积，形成爆炸性混合气体。泄漏点上方的聚满园餐厅炉灶处于燃烧状态，炉灶上方吸油烟机将炉灶火星吸入直径 40cm 的 PVC 排烟管道直排至河道密闭空间，引爆密闭空间内爆炸混合气体，致事故发生。

发生事故的主要原因：一是违规建设造成事故隐患；二是隐患排查整改长期不落实；三是企业应急处置严重错误；四是物业安全管理混乱。

公安机关对涉事燃气企业及有关监管部门相关人员已依法依规依纪做出严肃处理。

事故现场周边基本情况见图 11.1，事发区域燃气管道流程关系见图 11.2，涉事故建筑物破坏外貌见图 11.3，事故管道腐蚀断裂实物见图 11.4。

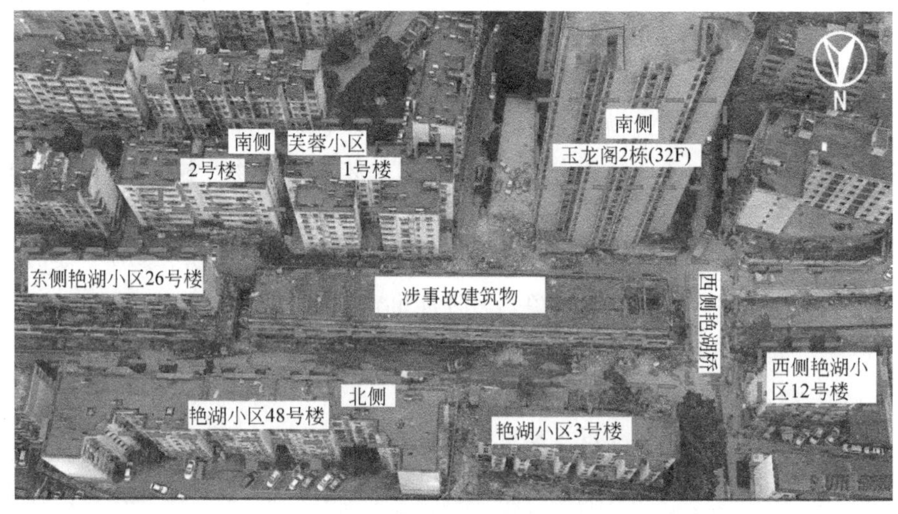

图 11.1　事故现场周边基本情况

11.2.2　大连一住户家中液化气罐泄漏引起爆炸

2021 年 9 月 10 日 23 时 39 分许，大连市普兰店区丰荣街道鑫和社区一住户家中液化石油气罐泄漏并引发爆燃。事故造成 8 人死亡，5 人受伤（其中重伤 2 人、骨折 1 人、烧伤 1 人），给人民群众生命财产造成重大损失，给全市安全生产工作和整体形象带来负面影响。

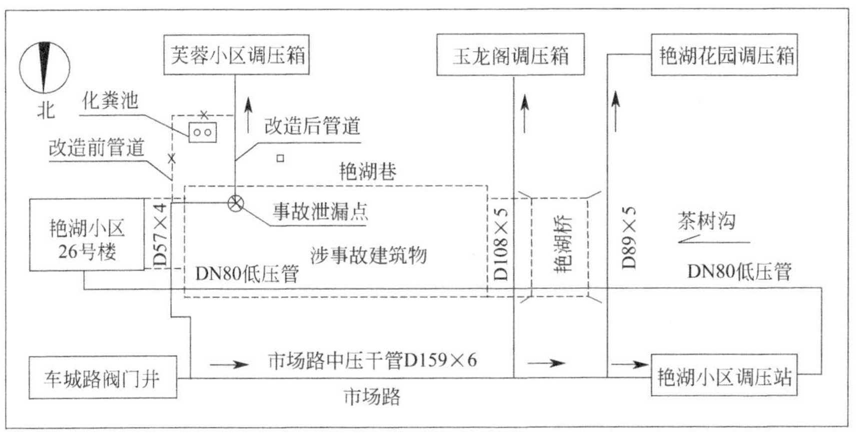

图 11.2　事发区域燃气管道流程关系

图 11.3　涉事故建筑物破坏外貌

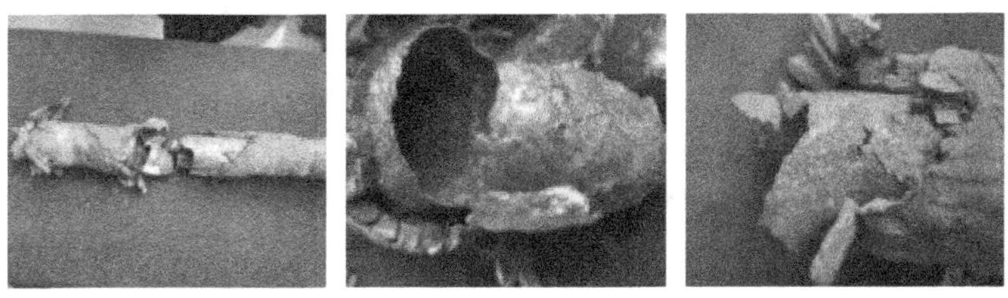

图 11.4　事故管道腐蚀断裂实物

事故发生接警后，当地消防、公安、住建等部门及属地单位立即赶赴现场开展应急处置工作。消防部门出动 12 台消防车辆和 45 名消防员抵达现场，发生爆燃的居民楼 4 层火势已通过窗户沿外墙向上蔓延，同时爆燃也导致建筑内部部分墙体坍塌。消防部门当即成立一个灭火组和三个搜救组展开灭火救援和人员疏散工作。截至 2 时 30 分左右火被扑灭。同时，政府相关部门对被疏散人员进行临时安置。

据了解，发生爆燃的是 130 号楼，此楼应有住户 63 户，实际住户 49 户，发生燃气爆燃的是 4 楼一住户。

经调查，事故直接原因系室内液化石油气管道在穿楼板地面处腐蚀减薄穿孔致液化石油气泄漏，泄漏的液化石油气在密闭室内经一定时间聚集，浓度达到爆炸极限，遇点火源产生爆炸燃烧。

经事故调查组研判，大连坤马燃气公司无视《城镇燃气管理条例》《辽宁省城镇燃气管理条例》《大连市燃气管理条例》等法规中燃气企业应承担的安全责任规定，在燃气生产和作业过程中未履行相关安全生产规定，造成严重后果，涉嫌重大责任事故罪。大连市公安局普兰店分局已依法将该公司法人及主管安全生产负责人刑事拘留。大连市委市政府对属地监管部门相关人员进行停职检查及免职处理。

事故发生现场见图 11.5。

图 11.5　事故发生现场

11.2.3 沈阳“10·21”燃气爆炸事故

2021 年 10 月 21 日，沈阳市和平区太原南街 222 号盛王二牛烧烤店，发生管道燃气泄漏爆炸事故，造成 5 人死亡、3 人重伤、49 人轻伤，直接经济损失 4425 万元。2022 年 1 月 15 日，沈阳市应急管理局公布该事件调查报告，经调查认定，沈阳市和平区太原南街 222 号“10·21”管道燃气泄漏爆炸事故是一起较大安全生产责任事故。事故原因系该店燃气并网施工过程中，施工人员打开入口法兰后未进行有效密封，导致燃气通过法兰口泄漏 3 小时 25 分。泄漏的燃气在盛王二牛烧烤店室内三层空间自然扩散，与空气混合后的浓度达到爆炸极限范围内（一层空间内燃气体积浓度在 7.0%～9.0%之间，二层空间在 7.2%～8.5%之间，三层空间在 7.4%～8.7%之间）。遇室内二层电冰箱展示柜机械式温控器闭合或断开时产生的电火花发生爆炸，爆炸当量约 80kg TNT。

此外，报告中提到，该爆炸事故还存在以下间接原因：大连建工允许他人使用该公司资质承揽管网改造工程，在已发现现场存在违法违规情况下没有立即督查整改，且发生事故后组织编造项目管理虚假资料；沈阳燃气公司违规组织工程项目评标，安全生产履职及现场施工监督管理不到位。

公安机关已依法依规依纪对大连建工法人及相关责任人、燃气企业及有关监管部门相关人员作出处理。对涉嫌犯罪的，由纪委监委移交司法机关依法追究刑事责任。

事故发生前盛王二牛烧烤店见图 11.6，爆炸后的盛王二牛烧烤店破坏形貌见图 11.7，事故现场盛王二牛烧烤店进户引入管见图 11.8，电冰展示柜机械式温控器见图 11.9。

图 11.6　事故发生前盛王二牛烧烤店

图 11.7　爆炸后的盛王二牛烧烤店破坏形貌

图 11.8　事故现场盛王二牛烧烤店进户引入管

图 11.9　电冰展示柜机械式温控器

11.2.4　浙江绍兴市上虞“1·7”燃气爆燃事故

2021 年 1 月 7 日 17 时 17 分，浙江绍兴市上虞区一小吃店发生一起瓶装液化石油气泄漏爆燃较大事故，共造成 3 人死亡，1 人受伤，直接经济损失约 255 万元。

事故直接原因系店主在未关闭钢瓶瓶阀情况下，更换液化石油气钢瓶（该钢瓶无自闭阀），违规操作导致液化石油气泄漏。店主临场处置不当，立即逃离现场。泄漏的液化石油气遇距离 1m 处的明火（在使用中的煤饼炉）后发生爆燃，引燃室内可燃物致使灾情迅速扩大。

发生爆炸的小吃店破坏现场见图 11.10。

图 11.10　发生爆炸的小吃店破坏现场

11.2.5　瓦房店市“10·24”燃气闪爆事故

2021 年 10 月 24 日 5 时 35 分，大连消防救援支队瓦房店大队接到报警，位于大连瓦房店市铁东街道办事处文圣社区五一路二段271号居民楼发生爆炸，瓦房店大队立即调派五一路、老虎屯站、复州城站3个消防救援站7台消防车34人到场救援。大队全勤奋指挥部遂行出动到场指挥救援。同时联动应急局、110、120、燃气公司等相关部门到场处置。

经侦查，该建筑为五层，共有住户20户，五楼西北角已发生坍塌。消防救援力量到达后立即展开搜救，及时疏散楼内居民及周边群众50余人。在五楼东侧、中侧救出7人送往医院救治。10时整搜救出2名失联人员，移交给120，经120确认已无生命体征。

资料显示，2021年对该楼504住户共有三次安检记录，分别是：2021年1月23日14时29分安检员上门安检到访不遇，在用户门上张贴安检联系单告知；5月10日，燃气公司安检员入室收燃气费300元，并安全检查，给用户发放安全宣传资料，讲解安全用气常识；7月15日，燃气公司开始在花园南门周围进行老旧燃气表更换安全检查工作，检查发现504用户的橡胶软管老化，灶具无熄火保护，要求用户整改，504住户为租户，拒绝签字整改，要求安检人员找房东，燃气公司工作人员当场关闭该用户表前阀停止用气。但事故调查中发现该用户表前阀呈开启状态。因504住户俩人在本事故中均已死亡，现原因无法调查。

根据事故现场破坏查看和事故分析，504室爆炸破坏最为明显，建筑物损毁最为严重、呈现内部闪爆特征。又因事故发生地气温低尚未到采暖期，住户夜晚会关闭窗户，故504室处于一个密闭爆炸空向。燃气发生闪爆，其闪爆力将504室天花板向上外翻、飞溅，地板塌陷落至4楼，墙壁坍塌。504室住户在此事故中死亡。

事故报告中分析，点火源处于闪爆源处。从闪爆形貌分析，504室的厨房与次卧的闪爆损坏显著并明显高于主卧，故可判断，点火源是在厨房或次卧内。因当时住户是处于睡眠状态，故可能是家用电器自动工作引爆了处于爆炸极限范围内燃气空气混合气，引发闪爆。根据现场调查，发现504室厨房旁有1台电冰箱，推断冰箱的自动工作为这次闪爆发生的最可能点火源。

事故调查报告认为：这次事故的主要原因是504室住户使用不合格连接软管且软管使用年限超期，在较低温度下出现脆性开裂，致使燃气泄漏与明火发生闪爆。造成这次事故的次要原因是大连新世纪燃气有限公司在指导燃气用户安全用气方面，虽入户安全检查，并对504室用户存在的安全隐患及整改告知，但针对504室用户拒不整改，只关闭表前阀未采取强制停气措施。

这次事故造成2人死亡，7人受伤（其中1人重度烧伤、4人轻度烧伤、2人轻度外伤），直接经济损失约为894.67万元。由于504室住户2人在此次事故中都已死亡，不予追究责任。但大连新世纪燃气有限公司作为燃气经营者，发现燃气用户安全隐患，虽采取关闭表前阀，但没有确保安全隐患的消除。为此，瓦房店市住房和城乡建设局，依据《城镇燃气管理条例》等相关法规有关规定，给予大连新世纪燃气有限公司行政处罚，相关责任人由企业进行调查处理。对于监管部门有关人员交由市纪委、监委调查处理。

发生爆炸的504室破坏形貌见图11.11，发生爆炸的邻室破坏现场见图11.12，爆炸现场灶前阀、软管及灶具见图11.13。

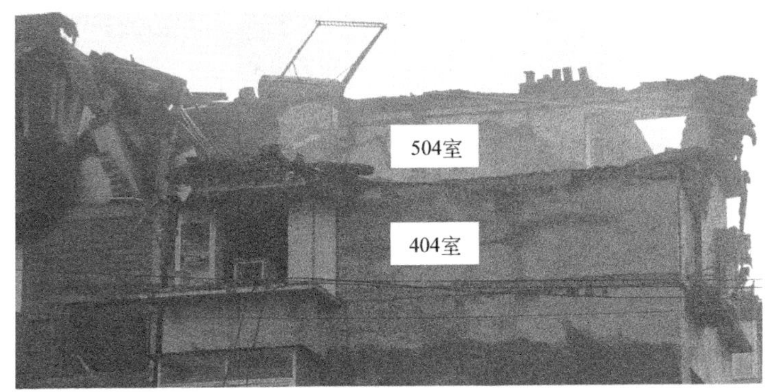

图11.11　发生爆炸的504室破坏形貌

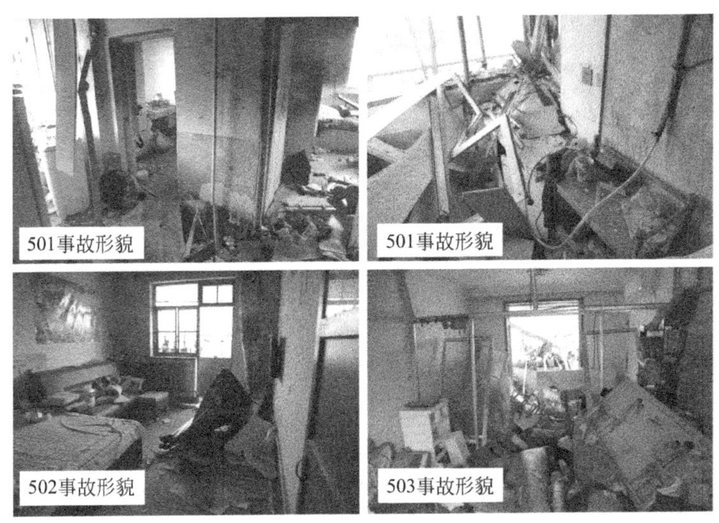

图11.12　发生爆炸的邻室破坏现场

11.2.6　天津市连续发生三起第三方施工破坏燃气管道典型事故

（1）南开区“8·18”燃气管道泄漏事故

2021年8月18日，南开区北城街与城厢东路交口中营小学新建小区南大门

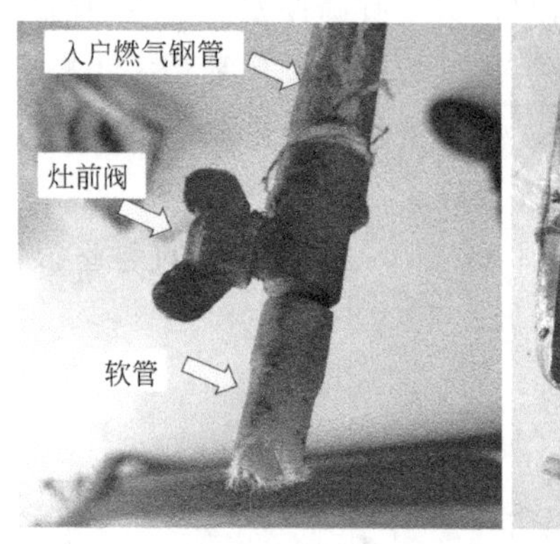

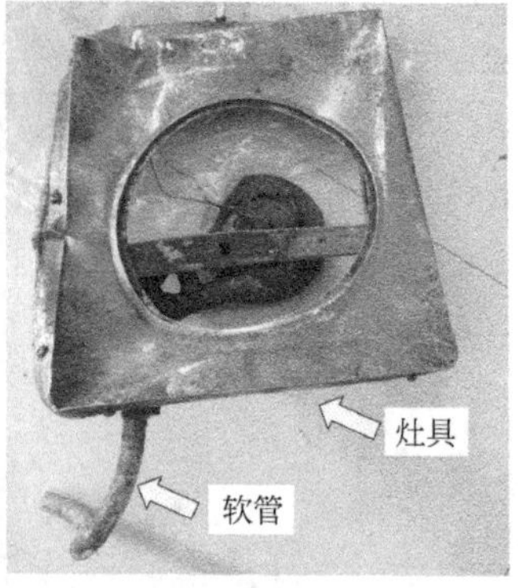

图 11.13 爆炸现场灶前阀、软管及灶具

外，霸州市金承安科技有限公司在实施安装不锈钢防冲撞升降柱破路施工时，将津燃华润燃气有限公司所属一根 DN200 中压燃气管道挖漏，造成燃气泄漏。事故未造成人员伤亡，但造成直接经济损失人民币 27.9 万元。

项目施工前，建设单位、施工单位未对施工范围内地下管网情况进行调查，在未查明地下燃气管道的情况下，擅自施工，造成燃气管道破损泄漏。事故发生后，市委、市政府高度重视，市城市管理委、市住房和城乡建设委赴现场指导事故处置、调查事故原因，依法实施处罚，南开区履行属地责任，严肃追责问责。

依据《城镇燃气管理条例》，市城市管理委对建设单位南开区教育服务中心、施工单位天津市盛世博润公司以及施工分包单位霸州市金承安科技有限公司，分别罚款人民币 10 万元。

依据《建设工程安全管理条例》，市住房城乡建设委责令监理单位天津宇宸项目管理有限公司停业整顿，处罚人民币 30 万元。天津市盛世博润公司和霸州市金承安科技有限公司被列为严重失信企业，同时市住房城乡建设委依法吊销天津市盛世博润公司施工资质证书，将霸州市金承安科技有限公司列入天津市建筑市场黑名单。

公安机关以涉嫌刑事犯罪，将施工单位和施工分包单位有关人员依法立案调查，由司法机关依法依规追究刑事责任。南开区政府对属地负有监督、管理责任的相关人员，给予党纪政务处分及组织处理。

(2) 津南区双港工业园区“9·4”燃气管道泄漏事故

2021 年 9 月 4 日，津南区双港镇郡阳南路与景荷道交口，天津市天成鸿业市政工程有限公司实施新园区污水管网与鄱阳南路主干网接通工程时，将一根埋地敷设的燃气管道破坏，事故未造成人员伤亡，周边小区燃气供应中断，影响双港镇 2989 户居民供气，直接经济损失人民币 37.3 万元。

事故发生后，市委、市政府高度重视，要求立案查处，追究责任，并将查处问责情况公之于众，形成震慑。津南区调查发现，建设单位、施工单位未对施工范围内地下管网现状进行调查核实的情况下，擅自安排作业人员进行顶管作业，盲目施工，导致中压燃气管道破损，造成燃气泄漏。

依据《城镇燃气管理条例》，津南区城市管理委对建设单位天津市双港经济发展管理服务有限公司、施工单位天津市天成鸿业市政工程有限公司，分别处罚人民币 10 万元整，并将天成鸿业市政工程有限公司列为严重失信企业，向社会公布。依据《建设工程质量管理条例》，津南区住建委对天津市双港经济发展管理服务有限公司处罚人民币 50 万元整。

公安机关以涉嫌刑事犯罪将施工单位有关人员立案调查，由司法机关依法追究刑事责任。津南区政府对属地负有监督、管理责任的相关人员，给予党纪政务处分。

（3）滨海新区经济开发区“10·2”燃气管道泄漏事故

2021 年 10 月 2 日，滨海新区经济开发区泰达第一小学门前，天津滨海新区津强劳务服务中心进行路灯施工时，破坏燃气管道，未造成人员伤亡，但使周边小区燃气供应中断，影响翠亨村小区 2600 余户居民供气，直接经济损失为人民币 3876.54 元。

事故发生后，市委、市政府高度重视，要求立案查处，追究责任。经市政府同意，市城市管理委牵头成立“10·2”燃气管道泄漏事故调查组。调查发现，建设单位、施工单位、劳务分包单位未与燃气公司沟通确认地下管线情况，未进行地下管线人工探挖，未采取地下管线保护措施，盲目作业，野蛮施工，造成燃气泄漏。

依据《城镇燃气管理条例》，天津经济技术开发区（简称经开区）建设和交通局对施工单位天津开发区宏正照明工程有限公司、业务分包单位天津滨海新区津强劳务服务中分别处罚人民币 10 万元，将两公司信用等级降为“失信”；对燃气公司处罚人民币 2 万元。依据《天津市建设工程施工安全管理条例》，经开区建设工程管理中心对建设单位环投公司处罚人民币 20 万元，依法吊销天津开发区宏正照明工程有限公司的含城市及道路照明工程专业承包三级施工资质证书、安全生产许可证。

公安机关以涉嫌刑事犯罪对施工单位、业务分包单位有关人员立案调查，由司法机关依法追究刑事责任。滨海新区政府对属地负有领导、监督、管理责任的相关人员，给予党纪政纪处分及组织处分。

此三起均为第三方施工破坏燃气管道典型事故，事故的原因都是建设单位、施工单位在未对施工范围内地下管网现状进行调查核实、亦未采取地下管线保护措施的情况下，盲目作业、野蛮施工，导致燃气管道破损，造成燃气泄漏，虽无人员伤亡，但充分暴露出潜在的风险隐患相关责任单位和责任人受到严厉处罚和追究刑事责任。

11.2.7 内蒙古呼和浩特市“11·22”天然气爆炸事故

2021年11月22日7时35分，呼和浩特市玉泉区东五十家街民和花园3号楼一单元内发生一起天然气爆炸一般生产安全事故，共造成1人死亡、2人重伤、12人轻伤，直接经济损失约868万元。

2021年12月31日，呼和浩特市人民政府官网公布了该事故的调查报告。

（1）事故发生的直接原因

① 燃气管道发生环向断裂导致燃气泄漏　事发燃气管道周围土壤含水量较大，土壤受到气温骤降影响冻结膨胀，同时因为3号楼北侧为水泥硬化路面，相对强度较土壤高，故土壤冻胀产生的力向下传导，对燃气管道形成向下的应力，同时在临近管道断裂处，燃气管道侧上方的管沟分散了局部土壤应力，使得燃气管道承受的土壤应力呈“弯曲应力”特征，导致铸铁管道发生环向断裂。

② 泄漏的天然气进入楼道内与空气混合形成爆炸性混合气体　泄漏的天然气在输送压力的作用下，迅速窜入离其最近的热力管沟并快速蔓延，通过3号楼1单元1楼的热力管沟检查井入口迅速进入楼道内，与空气混合形成爆炸性混合气体。

③ 楼道内爆炸性混合气体达到爆炸极限遇到静电发生爆炸　随着天然气不断涌入，楼道内爆炸性混合气体快速达到爆炸极限范围（天然气爆炸极限范围为5%～15%）。遇一楼电子LED灯箱在工作中（启动、停止LED灯珠过程或驱动显示日期时间过程和发射接收信号过程中）产生静电放电，造成爆炸。

（2）事故性质

事故调查报告认定，呼和浩特市玉泉区东五十家街民和花园3号楼“11·22”天然气爆炸事故是一起一般生产安全责任事故。

是否认定为生产安全责任事故，与燃气公司是否存在过错有关。

对这个问题，可以参考《国家安监总局办公厅关于居民住宅发生燃气事故有关问题的复函》（安监总厅政法函〔2007〕360号）中的内容：

一、由于居民个人使用燃气设备不当造成的事故，不属于燃气企业在生产经营中发生的事故，不计入生产安全事故。

二、由于燃气管道破裂造成的事故，要视情况而定。如果燃气管道破裂是由燃气企业或者其他工程在施工过程中造成的，应计入生产安全事故，并依照《生产安全事故报告和调查处理条例》进行调查处理；如果是在使用过程中因个人原因造成的，则不计入生产安全事故。

从事故调查报告的间接原因来看，燃气公司未及时更换承压能力较低的灰口铸铁管，存在一定的责任。事故调查组也专门就燃气公司及相关人员提出了处理建议。

11.2.8 燃气泄漏用打火机检漏发生火灾

2021 年 10 月 14 日，江苏扬州仪征真州镇居民因为在家中闻到气味怀疑燃气泄漏，点燃打火机导致屋内起火。消防队接警后开着消防车迅速赶到现场。此时现场火势较大，阵阵浓烟从民房一楼窗户涌出，屋内漆黑一片，还不时伴有爆炸声。消防员立刻进入内部进行灭火，一消防员将正在喷火的液化石油气钢瓶拎至屋外安全地带，另一消防员不停地对钢瓶进行浇水降温。

屋内明火被完全扑灭后，现场一片狼藉。事后问起火原因时，涉事居民“语出惊人”，称自己在更换燃气钢瓶时闻到有股燃气味，想到会不会是燃气泄漏，然后打开打火机来检查，结果发生了泄漏燃气遇明火燃烧事故。这是一起因用户不知燃气发生泄漏时，应先关阀开窗通风，不得用明火检漏、也不得开关任何电器而引发的燃气安全事故。发现燃气泄漏时，离开燃气泄漏现场到安全地带拨打报警电话才是正确的处理方法。

11.2.9 操作不当发生运维人员晕倒死亡

2021 年 7 月 30 日 20 时，北京市朝阳区富力城小区一个燃气闸（阀）井 3 位运维人员在作业时晕倒，经抢救无效不幸死亡。事故直接原因为闸井维修过程中，运维人员操作不当导致天然气泄漏，并且未按照作业规范开展作业，作业现场未配备通风、检测、个体防护以及应急救援设备装置。

11.2.10 使用不当发生燃气事故

① 2021 年 11 月，山西省晋城市一燃气用户在客厅看电视时忘记了还未烧热的油锅，当闻到一股浓烈的焦煳味推开厨房门时，大火已熊熊燃烧。

② 2022 年 1 月 23 日 22 点 58 分，广东省阳江市江城区华园市场旁一公司老板在厨房热鱼汤，因途中接到电话出门时未关燃气阀，结果导致燃气火灾的发生。1 月 26 日也是在该区的市汽车总站对面，怡雅花园小区一居民楼 4 楼，因

厨房做饭烧干锅导致发生燃气火灾。

③ 2022 年 1 月 31 日，湖南省娄底市一男子因着急回家过年忘记关掉燃气阀，卤鸡爪从除夕烧到大年初七。过完年回到住所后发现房间内全是烟味，鸡爪给烧没了，整个厨房熏得一片狼藉，所幸没有引起火灾，不然整栋楼遭殃。

以上 3 起燃气事故都是用气不当、用火时离人造成的，事故虽未造成人员伤亡但有财产损失。因此在使用燃气时厨房一定要有人，离开厨房或离开家时一定要关闭灶具开关和燃气管道阀。

④ 2021 年 9 月 18 日 14 时，河南省南阳市方城镇拐河派出所接到群众报警，拐河镇白湾村一村民家中疑似发生液化石油气钢瓶爆炸，该村民被困家中。接到报警后，出警民警立即携带破门锤赶往现场，并在路上一边联系村干部询问该村民家中情况，一边拨打消防部门电话。

民警到达现场后见到该村民家中浓烟滚滚，并听到哭喊呼救声，情况十分危急。但因爆炸导致大门严重变形不能打开，民警迅速由该村民邻居二楼翻越进入该村民家中，首先将惊慌失措的村民通过邻居二楼进行了转移。根据该村民反映，厨房内有一液化石油气钢瓶，厨房内还在燃烧，为防止发生二次爆炸危险，民警同志不顾自身安危，利用破门锤强行破门，并与赶到的镇消防人员一起迅速将厨房大火扑灭，并将该村民送医院治疗。

经了解，该村民使用液化石油气做完饭后离开厨房去卧室休息，不久听到厨房有呲呲声，即起床到厨房查看，发现是使用阀门未关造成液化石油气外泄，此时泄漏的液化石油气扩散遇大灶台明火发生液化石油气爆炸事故。

11.2.11 成都市发生 4 起一氧化碳中毒死伤事件

据成都应急管网报道，2021 年 12 月 24 日至 2022 年 1 月 5 日，成都市连续发生 4 起社区家庭一氧化碳中毒死伤事故，造成 7 人死亡，2 人受伤。

① 2021 年 12 月 24 日上午 11 时许，成都市青羊区府南街道石人南路 100 号院 15 栋 4 单元某出租屋内，在租户洗澡时使用的燃气热水器突然从墙上脱落，在排烟管道接口断裂的情况下热水器仍然持续运行，导致一氧化碳聚积在室内致 2 人死亡，1 人受伤。

② 2021 年 12 月 24 日 13 时许，成都崇州市崇阳街道相府花园街东一巷某出租房内，在一对父子使用燃气热水器洗澡时，热水器排烟管道脱落，产生的一氧化碳无法外排聚积在室内，导致父子 2 人一氧化碳中毒身亡。

③ 2021 年 12 月 26 日，成都市郫都区安靖街雍渡村雍渡小区 44 栋某出租屋内，1 名儿童使用燃气热水器洗澡。因热水器排烟管道被枯枝烂叶堵塞，产生的

一氧化碳无法外排而聚积在室内，导致该名儿童和在家的另外一名儿童一氧化碳中毒身亡。

④ 2022 年 1 月 3 日晚上 20 时许，成都市双流区西航港街道常乐社区北十一街某出租房内，使用液化石油气热水器洗澡时，发生一氧化碳中毒事故，造成 1 人死亡，1 人受伤。

11.2.12 违规使用“节能罩”造成燃气中毒事故

一个月内大连市连续发生三起燃气中毒事故。

① 2021 年 8 月 4 日 22 点 27 分，燃气公司呼叫中心接到用户报警，称位于西岗区日新街道某号楼一户民居内发生人员中毒情况。

接到报警后，该公司立即启动应急响应，组织各相关部门人员迅速赶往现场，在市住建局、属地街道、社区、派出所、消防及小区物业的协助下采取果断措施组织排查。根据燃气抢修人员对燃气设施全面排查后，确认室内外燃气管线等设施完好无泄漏，但看到在燃气灶具上套着“节能罩”（又称“防风罩”）。根据用户自述综合分析断定，是由于该用户事发前在厨房煮了 4 锅饺子，由于使用了所谓“节能罩”，用气时间又长，导致燃气燃烧不完全产生大量一氧化碳，造成该户 3 人中毒。所幸发现早未危及生命。

② 2021 年 8 月 23 日 12 点 13 分，大连华润燃气有限公司沙北客户服务中心接到呼叫中心指令：“120 急救中心通知，沙河口区西安路民权某街某号楼一户居民家中发生燃气中毒事故。”

接报后，该客服中心急救人员迅速赶到现场进行勘查，发现这户居民使用的灶具上面大锅里烀着 9 穗玉米，燃气具套着“节能罩”，燃气灶具阀（又称燃气嘴子）已经关闭。经对室内燃气设施、下水管线全面排查，没有发现燃气泄漏。再对室外的各窨井进行检测，也没有发现燃气泄漏。根据室内外燃气检测无泄漏，经判断为该户违规使用燃气“节能罩”，导致燃气燃烧不完全产生一氧化碳，造成户内人员中毒，但无生命危险。

③ 2021 年 8 月 29 日 13 点 43 分，市民报警称沙河口区马栏街道一民居中有人员燃气中毒。经相关部门现场勘查发现，这户居民家中的情况与上两次发生燃气中毒事故如出一辙，同样是违规使用“节能罩”，同样是长时间使用，造成 3 人中毒，及时送医也无生命危险。

根据以上十多起燃气事故分析，发生燃气事故的主要原因：一是燃气管道腐蚀导致燃气泄漏爆炸；二是施工第三方破坏；三是使用不当。从事故调查中暴露出一些地区、部门和企事业单位在落实燃气安全主体责任方面，存在一定差距，因一些地方燃气经营许可下放到基层后，其监管力量、执法能力水平都没有与之相适应。执法“宽松软”，严格不起来、落实不下去的问题，在各地都不同程度地存在。加上管道老化、老旧，包括新建规模不断扩大，又日常维护、保养、更新不及时，所以被集中暴露出来。为此，我们应认真总结汲取上例燃气事故教训，要切实改进和提高燃气行业管理水平，严格执行安全生产责任制，减少燃气事故发生，保障人民生命财产安全，促进燃气行业健康高质量发展。

参 考 文 献

[1] 煤气设计手册编写组．煤气设计手册：上册［M］．北京：中国建筑工业出版社，1983.

[2] 煤气设计手册编写组．煤气设计手册：下册［M］．北京：中国建筑工业出版社，1987.

[3] 朱万美．城镇燃气技术问答［M］．北京：化学工业出版社，2021.

[4] 邓渊．煤气规划设计手册［M］．北京：中国建筑工业出版社，1992.

[5] 严铭卿，宓亢琪，田贯三，等．燃气工程设计手册［M］．北京：中国建筑工业出版社，2009.

[6] 敬加强，梁光川，蒋宏业．液化天然气技术问答［M］．北京：化学工业出版社，2009.

[7] 郭揆常．液化天然气（LNG）应用与安全［M］．北京：中国石化出版社，2008.

[8] 张志贤，黄柏枝．燃气输配工程技术手册［M］．北京：中国建筑工业出版社，2015.

[9] 石油和化工工程设计工作手册编委会．输气管道工程设计［M］//石油和化工工程设计工作手册：第五册．山东：中国石油大学出版社，2010.

[10] 黄春芳．天然气管道输送技术［M］．北京：中国石化出版社，2014.

[11] 唐秀岐，张国栋，李多芬．天然气输配与运营管理［M］．北京：石油工业出版社，2012.

[12] 国家质量监督检验检疫总局特种设备安全监察局．全国压力管道设计审批人员培训教材［M］．3版．北京：中国石化出版社，2015.

[13] GB 50028—2006. 城镇燃气设计规范（2020年版）.

[14] GB 51142—2015. 液化石油气供应工程设计规范.

[15] GB 17820—2018. 天然气.

[16] GB 18047—2017. 车用压缩天然气.

[17] GB 55009—2021. 燃气工程项目规范.

[18] GB 50016—2014. 建筑防火设计规范（2018年版）.

[19] GB 50156—2021. 汽车加油加气加氢站技术标准.

[20] GB 50183—2004. 石油天然气工程设计防火规范.

[21] GB 18218—2018. 危险化学品重大危险源辨识.

[22] GB 50058—2014. 爆炸危险环境电力装置设计规范.

[23] GB 51102—2016. 压缩天然气供应站设计规范.

[24] GB 50251—2015. 输气管道工程设计规范.

[25] GB 50209—2010. 建筑地面工程施工质量验收规范.

[26] GB 50140—2005. 建筑灭火器配置设计规范.

[27] GB 50160—2008. 石油化工企业设计防火标准（2018年版）.

[28] GB 50650—2011. 石油化工装置防雷设计规范.

[29] GB 50057—2010. 建筑物防雷设计规范.

[30] GB 13392—2005. 道路运输危险货物车辆标志.

[31] GB/T 13612—2006. 人工煤气.

[32] GB/T 19204—2020. 液化天然气的一般特性.

[33] GB/T 13611—2018. 城镇燃气分类和基本特性.

[34] GB/T 4968—2008. 火灾分类.

[35] GB/T 29639—2020. 生产经营单位生产安全事故应急预案编制导则.

[36] GB/T 50493—2019. 石油化工可燃气体和有毒气体检测报警设计标准.

[37] SH/T 3097—2017. 石油化工静电接地设计规范.

[38] CJJ 12—2013. 家用燃气燃烧器具安装及验收规程.
[39] CJJ/T 153—2010. 城镇燃气标志标准.
[40] CJ/T 347—2010. 家用燃气报警器及传感器.
[41] 中华人民共和国安全生产法（2021年修订版）.
[42] 中华人民共和国刑法（2020年修订）.
[43] 中华人民共和国消防法（2021年修订）.
[44] 中华人民共和国特种设备安全法.
[45] 城镇燃气管理条例（2016年修订）.
[46] 危险化学品安全管理条例（2013年修订）.
[47] 危险化学品经营许可证管理办法（国家安全生产监督管理局令第55号）.
[48] 中华人民共和国石油天然气管道保护法（2010年10月1日起施行）.
[49] 特种设备事故报告和调查处理规定（国家质量监督检验检疫总局令第115号）.
[50] 高层民用建筑消防安全管理规定（中华人民共和国应急管理部令第5号）.
[51] 机关、团体、企业、事业单位消防安全管理规定（中华人民共和国公安部令第61号）.
[52] 消防监督检查规定（中华人民共和国公安部令 第120号）.